机械CAD绘图技能训练

刘吉涛　刘善良　崔玉良　著

中国海洋大学出版社

·青岛·

图书在版编目（CIP）数据

机械 CAD 绘图技能训练／刘吉涛，刘善良，崔玉良著.

青岛：中国海洋大学出版社，2024. 11. -- ISBN 978-7-
5670-4020-5

Ⅰ. TH126

中国国家版本馆 CIP 数据核字第 2024K6M649 号

机械 CAD 绘图技能训练

JIXIE CAD HUITU JINENG XUNLIAN

出版发行	中国海洋大学出版社			
社　　址	青岛市香港东路 23 号		**邮政编码**	266071
网　　址	http：// pub. ouc. edu. cn			
出 版 人	刘文菁			
责任编辑	由元春		**电　　话**	0532-85902495
电子邮箱	502169838@qq. com			
印　　制	青岛中苑金融安全印刷有限公司			
版　　次	2024 年 11 月第 1 版			
印　　次	2024 年 11 月第 1 次印刷			
成品尺寸	185 mm × 260 mm			
印　　张	8			
字　　数	200 千			
印　　数	1～1000			
定　　价	59. 00 元			

发现印装质量问题，请致电 0532-85662115，由印厂负责调换。

编委会

主　编　刘吉涛　刘善良　崔玉良

副主编　乔在敏　吴连霞

编　者　吴建建　徐军锋　刘雪峰　王　晨

前　言

随着现代制造业的快速发展，机械设计与制造领域对高素质 CAD 绘图技能人才的需求日益增加。计算机辅助设计（CAD）技术作为现代制造业的重要基础技术，不仅提高了设计效率，也推动了产业技术的创新和进步。

本书注重激发学生的学习兴趣，以项目教学法为指导，科学导入情境，结合实际技能训练的需求，通过真实的机械设计项目和生动的应用情境，引导学生掌握和巩固 CAD 绘图技能。本书精心设计了大量典型的绘图实例，并配以详细的操作步骤说明，以便使读者能够快速掌握操作要领，提高绘图技能。

同时，本书注重培养学生的综合应用能力，使其能够将所学知识灵活运用于实际工作中。通过对本书的学习，学生能够较为熟练地掌握 CAD 绘图软件的基本操作方法，并具备独立完成机械零件图和装配图绘制的能力。

本书结构合理、内容循序渐进，既适用于职业院校机械类专业的学生，可作为教材使用，也可供从事机械设计与制造工作的工程技术人员参考使用。

由于编者水平和经验有限，书中难免存在不足之处，恳请广大读者批评指正。

编　者

2024 年 9 月

目 录

第一章 CAD相关知识及其绘图技巧

第一节 CAD 发展史及机械 CAD 相关知识

一、CAD 发展史

计算机辅助设计（Computer-Aided Design，简称 CAD）的发展经历了数十年的演变过程，深刻地改变了工程设计方式和制造业格局。以下从几个阶段简单阐述其发展史。

（一）早期探索阶段（20 世纪 50 年代～60 年代）

20 世纪 50 年代，计算机开始被引入机械设计领域，但最初只能执行简单的数值计算和基础分析。1957 年，美国麻省理工学院（MIT）的研究人员开发了著名的交互式图形系统 Sketchpad，这被公认为现代 CAD 的起源。Sketchpad 使得设计者能使用光笔直接在屏幕上绘图，并能实现图形的自动约束和修改。20 世纪 60 年代中后期，工业领域开始尝试将计算机图形技术应用到汽车、航空航天工业的设计中，但受计算机性能的限制，当时仅能进行简单的二维绘图。

（二）初步发展阶段（20 世纪 70 年代）

随着计算机技术的进步，CAD 开始逐渐进入工业应用阶段。20 世纪 70 年代初，计算机图形终端兴起，通用 CAD 软件开始出现，典型代表为美国 Control Data 公司开发的 CADDS 系统。1977 年，Dassault 公司在法国航空工业需求的推动下推出了后来成为行业巨头的 CATIA 系统（最初名为 CATI），广泛应用于航空、汽车等领域。同时期，计算机辅助制造（CAM）和计算机辅助工程（CAE）技术也开始快速发展，为 CAD 的发展提供了更广阔的空间。

（三）成熟及商业化阶段（20 世纪 80 年代～90 年代）

20 世纪 80 年代是 CAD 产业高速发展的重要时期，业界广泛接受了 CAD 技术，多个软件品牌崛起。1982 年，Autodesk 公司推出了 AutoCAD 1.0 版，标志着 CAD 从大型计算机系统向个人计算机（PC）领域转移。AutoCAD 以其易学易用、价格低廉迅速席卷全球，成为最普及的二维 CAD 绘图软件。同期，以参数化、特征建模为核心的三维 CAD 软件迅速崛起，如美国的 PTC 公司于 1987 年推出的 Pro/EN-GINEER（现称 Creo），这是全球第一个基于参数化特征建模技术的三维 CAD 软件，极大地提高了设计效率。20 世纪 90 年代初，SolidWorks 推出了第一代 Windows 平台的三维参数化设计软件，大大降低了三维 CAD 软件的使用门槛。

（四）集成化与协同化阶段（20 世纪 90 年代后期～21 世纪初）

20 世纪 90 年代末至 21 世纪初，CAD 逐渐从单一设计工具走向多领域的集成应用，形成了 CAD/CAM/CAE/PDM/PLM 的产业生态。产品数据管理（PDM）和产品生命周期管理（PLM）概念开始兴起，各软件厂商逐渐推出了支持设计、分析、制造全流程协同的软件系统。云计算和互联网技术的兴起，推动了 Web CAD 技术的诞生与发展，用户可通过浏览器远程协同进行设计与审阅。UG（现 Siemens NX）、Solid Edge、Inventor（Autodesk）等软件纷纷涌现，进一步丰富了 CAD 软件市场，提升了设计效率与协同性。

（五）智能化与数字孪生阶段（现如今）

近年来，随着人工智能（AI）、大数据、虚拟现实（VR）和数字孪生技术的蓬勃发展，CAD 进入了新的智能时代。数字孪生技术开始与 CAD 深度融合，通过 CAD 与虚拟仿真的融合，实现了产品设计全生命周期的数字化映射，提高了设计验证和优化的效率。各主流 CAD 软件开始融入人工智能（AI）技术，开始具有智能推荐设计方案、自动特征识别、结构优化等功能。以 Fusion 360（Autodesk）为代表的新一代云原生 CAD 系统兴起，实现了真正意义上的协同设计和实时共享，使得全球化协作成为可能。

（六）CAD 发展趋势与展望

未来，CAD 将更深地融入人工智能（AI）、虚拟现实（AR）、云计算、物联网（IoT）等前沿技术，构建智能设计平台，全面提升产品创新能力和设计效率。工业互联网和数字制造技术的发展，也将进一步推动 CAD 向更广泛的智能制造生态融合。

二、机械 CAD 相关知识

机械 CAD 是现代机械设计的重要工具之一，广泛应用于制造业、汽车工业、航空航天等领域，机械 CAD 技术已成为现代制造业必不可少的技术之一。

（一）机械 CAD 系统构成

机械 CAD 系统主要由硬件和软件两大部分组成。

（1）硬件部分：计算机主机、显示器、鼠标、键盘、图形输入设备（如数位板）和图形输出设备（如打印机和绘图仪）。

（2）软件部分：二维 CAD 软件（如 AutoCAD、CAXA 电子图板），三维 CAD 软件（如 SolidWorks、Creo、CATIA、UG NX）等。

（二）机械 CAD 基础功能

（1）绘图功能：提供直线、圆、矩形、圆弧、椭圆、多边形等基本图形的绘制工具。

（2）编辑功能：实现对图形的复制、移动、旋转、缩放、镜像、阵列、修剪、延伸等操作。

（3）标注功能：能够完成尺寸标注、符号标注、文字说明等。

（4）图层管理功能：机械 CAD 软件包含数量多、范围广的标准件图库。涵盖机械、重工、汽车、模具、能源、交通、化工、船舶、航空航天等领域常用的标准软件。

（5）物料清单（BOM）管理：机械 CAD 软件具备管理零件和材料清单的功能，可快速生成序列号和 BOM 表，实现设计数据互通共享。

（6）装配体设计：机械 CAD 软件支持装配体设计，用户可快速插入标准件和常用设备，如电机、油嘴、密封圈等，并自动剪裁多余线条。

第二节　CAD 绘图技巧

（一）椭圆的绘制

画椭圆的重点是要绘制一张完整的椭圆，并且通过移动光标消除椭圆的内容，留出必要的椭圆弧。

首先，键入【ELLIPSE】并选中 Ellipse 图标。

选项如下：Arc/Center/<AxisEndpointl>

键入：【Arc】〈回车〉

用任意方式绘制一个椭圆，然后提示所要使用的弧段信息：

响应：Parameter/<start angle>

键入：【0】（或选择以屏幕中代表角度为起点的节点）

开始点（start angle）定义了弧的开始点。

响应：Parameter/Included/<end angle>

选择了确定弧长的最终角（end angle）后，也应该键入【I】，之后再键入包角，这是因为包角从始角出发测量，而并非由 0 出发。

（二）如何画平滑曲线

通常，要画光滑曲线，并不是要和圆弧的圆心与半径相匹配，可按以下方式。

首先，在要绘制平滑曲线的方向上绘制一条多义曲线。接着，选取尽可能多的点，所有点都是曲线上的顶点。之后，键入【PEDIT】，选中该多义曲线。

有两个选择：【FIT】或【SPLINE】。【FIT】子命令将使曲线可以通过任何一条顶点，但【SPLINE】子命令则会生成更光滑的曲线。因为曲线并不一定通过所有顶点，所以若要让一条曲线变直，可以在【PEDIT】中对【FIT】或【SPLINE】的曲线调用【DECURVE】子命令。

键入【PLINE】并绘制多条线，随意选择几个点。

键入：【PEDIT】〈回车〉（或在 Modify 工具栏中选定）

响应：Select polyline

在多义线上选取任一点。

响应：Close/Join/Width/Edit vertex/Fit curve/Spline curve/Decurve/Undo/eXit<X>

键入：【F】〈回车〉

Fit 曲线产生曲线模式。

响应：Close/Join/Width/Edit vertex/Fit curve/Spline curve/Decurve/Undo/eXit<X>CAD/ huitu. htm#head#head" >

键入：【S】〈回车〉

Spline 曲线产生曲线模式。

键入：〈回车〉

终止【PEDIT】命令。

（三）如何画多边形

绘制多边形时常常只能用普通线或多义线来绘制，而 AutoCAD 中有一种【POLYGON】命令。在键入【POLYGON】命令后，首先需要选定边数，接着选定中心或边长。若只选取一点，则可将其看作中心。

若选择边长但没有中心，则需有多边形边的起始与终结，然后将多边形按逆时针进行构造。

键入：【POLYGON】〈回车〉（或在 Draw 工具栏中进行选择）

响应：Number of sides：

键入：【5】〈回车〉

响应：Edge/<Center of polygon>

选取一点。

响应：Inscribed in circle/Circumscribed about circle（I/C）：

键入：【I】〈回车〉

响应：Radius of circle：

选择一点或键入多边形中心和圆的半径。

这种构造多边形的方法还有一种特点值得注意，这些多边形都可被视为单独的、闭合的多边形。AutoCAD 并不管它们原来是怎样形成的，只要打散某个多边形，它就会变成单独的直线。

（四）如何以等轴方式绘图

从 R10 开始，用等轴方法绘图通常不是画等边结构的首选方式。虽然 AutoCAD 有等轴功能，但若使用 R10 或更高版，它会利用 3D 功能先建立造型，然后再键入【DVIEW】及【VPOINTS】，用等轴方法进行造型。

AutoCAD 的等轴操作可以用【SNAP】命令进行操作，在此选定下，可以选用标准办法或等轴办法。进入等轴模式后，设计人员按【Ctrl+E】将打开顶面、右上面或左面。一经选取合适的水平，设计人员就可以进行绘制了。

（五）编排技巧

修复一个已被清除的集合的最简单和最高效的办法，就是使用【OOPS】指令，通过这个命令可以把最近清除的集合全部恢复过来。要注意的是，【OOPS】返回的是下一个对象组集合，而并非最后一次清除的对象。此外，由于【OOPS】只恢复了最后清除的对象组，所以如果要返回更多的步骤，【OOPS】是做不到的。

假如要恢复集合中的所有内容，设计人员应该使用【UNDO】命令，不过，这么做会产生另一个问题，如在图中绘制好的某些内容可能会发生变化。使用【UNDO】指令的唯一问题就是，虽然能够撤销过去发出的任何多外指令，但是，如果撤销的都是【ERASE】指令，那么【UNDO】的结果是正常的；但如果在撤销的【ERASE】指令中还有另外的指令，那这些指令的结果就会丢失。

（六）如何把多个对象排列成圆环形

在早期的 AutoCAD 版本中，这个指令叫作【Circular ARRAY】，现在叫作

【Polar ARRAY】。首先键入【ARRAY】，接着选中对象并确定后，会被询问选中矩形阵列还是极地貌阵列，键入【P】则选中极地貌阵列，并且同时选定了该阵列的中心线，系统就会根据这条中心线形成阵列。接着，系统会被问及：①阵列中的项个数；②填充角度；③阵列的每个项间的夹角。

先看问题①阵列中包含的项数。AutoCAD 必须先了解已实现的阵列中包含了哪些项目。如果不能解决这些难题，设计人员需要按下回车键或空格键。

问题②是填充角度，也就是要把对象绕着圆进行旋转。键入正值则表示按顺时针排序，键入负值则表示按逆时针排序，按下回车键即表示缺省值 360 度。AutoCAD 能够明确用阵列中的项数填满 360 度所需要的距离。如果不想解决这个提问，则用 0，表示填充角是 0。

问题③是数组中各项之间的夹角。如果键入正值，整个阵列应按顺时针方向排序；如果键入负值，则应按逆时针方向排序。

最后的选项就是在复制对象后，它们如何进行。输入【Y】表示转动，而输入【N】表示不转动。

键入：【ARRAY】〈回车〉（或在 Modify 工具栏选择）

响应：Select Objects：

选择要复制的对象，并确认。

响应：Rectangular or Polar array（R/P）

键入：【P】〈回车〉

响应：Center point of array：

拾取其旋转的中心点。

响应：Number of items：

键入：【10】〈回车〉

响应：Angleto fill（+＝ccw，－＝cw）<360>

响应：Rotate objects as they are copied? <Y>

绕着中心点，可以形成十个旋转对象。

（七）如何把两条线合并成一个对象

我们所假定的两条线或一组线并非多义的，而是直线或弧之类的普通物体。键入【PEDIT】，在被询问是哪条多义线后，先选定要合并的多义线中的某个对象，之后会被告知这个对象并不是一条多义线，并被询问是否把它变成多义线，最后键入【Y】表示肯定。

接下来，在多个目标选择窗口中进行 Join，选定要组合的目标，可一组一组地选择对象，也可通过开窗或开交叉窗口来选定要组合的目标。若在同一组内容中含有被打断的内容，那么它将永远无法整合。

键入：【PEDIT】〈回车〉（或在 Modify 工具栏选择）

响应：Select Polyline：

选择一个对象。

响应：Object selct is not a polyline. Do you want it to turn into one?

键入：【Y】〈回车〉

响应：Close/Join/Width/Edit vertex/Fit curve/Spline

urve/Decurve/Undo/eXit<X>

键入：【J】〈回车〉

响应：Select objects：

利用开窗或开交叉窗口的方式确定所要合并的全部区域。按下回车键，即可结束【PEDIT】指令。

（八）如何使对象放大或缩小

使用【SCALE】指令可修改对象的尺寸。第一步，先键入【SCALE】，之后在产生提示符时，先选取需要调整的对象，然后在该对象的任意区域选取某个基冷点。

选项【Reference】是最有意思的一种选择。只要选中【Reference】，则只能在使用一次新的长度后，再使用任意长度。

举例来说，假如将某个物体加大300%，就应该使用比例因子3。可是假如要将长度由2.79改为4，则应先用统计工具计算一下，这要比用【Reference】选项简单得多。参照尺寸2.97是旧的标准尺寸，4是新尺寸。设计人员可以手动调节比例因子。

请注意，【SCALE】指令将能永久地修改物体的尺寸，而且，假如在一张图上以变化的比率绘制多幅物体的话，该指令是最合适的。也就是说，假如要选择不同的比例，则设计人员最好在【PLOT】指令中选择【Scale】选项。

　　键入：【SCALE】〈回车〉（或从 Modify 工具栏选择）

　　响应：Select objects：

　　选择要调整大小的对象。

　　响应：Base point：

　　在对象中选择一个点。

　　响应：<Scale factor>Reference：

　　键入：【25】〈回车〉

　　该对象被缩小为原来的四分之一。

　　使用"Grips"对话框，能够修改物件的尺寸。键入【DDGRIPS】或在【Options】的下拉选项中点击"Grips"，即可出现此对话框。

　　（九）如何把对象移至另一层

　　利用【CHANGE】命令中的【Properties】选项可更改对象的层。【Properties】中的一种选项【Layer】是用于修改层的。在输入了层名称并点击确定后，内容将被修改在新层里面。

　　通常，当画面由一层移至另一层后，人们希望它的色彩也会跟着变化，不过，结果可能并不是这样，因为这取决于当初在绘制对象时，它的色彩是和所在层颜色一致还是自行决定的。如果对象的色彩不能更改，可使用【CHANGE】命令的【Properties】更改对象色彩，键入【BYLAYER】，对象颜色将会被更改为该层的标准色彩。

　　键入：【CHANGE】〈回车〉（或从 Modify 工具栏选择）

　　响应：Select objects：

　　选择要改变的对象。

　　响应：Properties/<Change ponit>

　　键入：【P】〈回车〉

　　响应：Changewhatproperty（Color/Elev/Layer/Thickness）？

　　键入：【LA】〈回车〉

响应：New layer：

键入：【LAYER-3】〈回车〉

键入指令：〈回车〉

（这时为【CHANGE】命令）使用相对位移的【COPY】或【MOVE】命令。

当应用【COPY】或【MOVE】指令后，就有了一个很方便的办法拷贝或转移数据，即利用相对位移，而不是先给一个基准点，然后另外再进行相对移动。假定要使一物体向右移动 4 米，向前移动 2 米，可做如下操作：

键入：【MOVE】〈回车〉（或从 Modify 工具栏选择）

响应：Select objects：

选择对象并确认。

响应：Base point or displacement：

键入：【4，2】〈回车〉

响应：Second point of displacement：

键入：〈回车〉

当在第二点按下回车键时，AutoCAD 把第一点当作相对位移来处理，而不是把它当作绝对坐标来处理。

（十）【FILLET】命令令初学者费解

作为初学者，【FILLET】命令会使其有点费解。在选择了 R 值和给出半径之后，情况几乎一点都不会变化。事实上，在重新选择【FILLET】指令之后，情况才会发生变化。按回车键或空格键可重复【FILLET】指令，然后可选择两条线。

因为 AutoCAD 会试图用【FILLET】指令管理全部的圆角选项，这使【FILLET】指令变得更加烦琐。

（十一）【MEASURE】与【PlDE】命令

【MEASURE】和【PIDE】都是用来将线打断的命令，二者的区别只不过是让系统选择按何种方法来分割线。【MEASURE】指令从始点等距离布出无穷多点。【PIDE】命令是将直线划分为无限多相等的部分。这两个指令都是按照直线布点。

根据系统的【PDMODE】和【PDSIZE】，可得出布放点的形式和尺寸。【PD-

MODE】被用于选取点的图形，【PDSIZE】则被用于设定宽度。

（十二）如何改变样条曲线的切线

键入【SPLINEDIT】命令或点击 Edit Spline 图标。

Edit Spline 图标，在 Modify 工具栏中的 Polyline Edit 弹出栏。

响应：Select spline：

Fit Data/Close/Move Vertex/Refine/rEverse/Undo/eXit<X>

若是初次编制样条曲线，但并没有使用【Refine】选项，将会获得此选择。如果关闭或者打开了样条曲线，或是选择了任意一种 ReFine 选择，都不要再选择 Fit Data。因为首先需要确定所有的节点都在样条曲线上，然后再按照【F】选择 Fit Data 才能够实现。

响应：Add/Close/Delete/Move/Purge/Tangents/to Lerance/eXit<X>

键入：【T】〈回车〉

现在只能选定某条新切线的起始，之后再选定某条新切线的结束。若想保存原有的切点，按下回车键即可。

（十三）如何快速在整个样条曲线中添加顶点

键入【SPLINEDIT】命令或点击 Edit Spline 图标。

Edit Spline 图标，在 Modify 工具栏中的 Polyline Edit 弹出栏。

响应：Select spline：

Fit Data/Close/Move Vertex/Refine/rEverse/Undo/eXit<X>

响应和前面的编辑命令直接相关，它可以使用上面的命令，也可以按如下方法进行操作：

响应：Close/Move Vertex/Refine/reverse/Undo/eXit<X>

键入：【R】〈回车〉

响应：Add control point/Elevate Order/Weight/eXit<X>

键入：【E】〈回车〉（【ElevateOrder】选项添加控制点。）

响应：Enter new order<4>

键入：【9】〈回车〉

设计人员应注意被加入的控制点的数量，可以试着用不同的数进行练习，数量可以增加，但不可减少。

（十四）如何清理井形图

井形图是像十字路口一样的图形。有多种办法来清理井形图，其中一种办法是把【FILLET】设为零。

最简单的方法，就是直接使用【TRIM】命令。当被询问切线后，设计人员可在要去除的区域上开启一组交叉窗口并确定，注意必须保证有一组交叉窗口，而并非视窗（从右上到左下开启的视窗），因此需要捕获所有四根线。当被询问要剪掉的区域后，可在 X 上单击。

键入：【TRIM】〈回车〉（或在 Modify 工具条中的）

响应：Selectcutting edges：（Projmode = UCS，Edgemode = Noextend）Select objects：

用窗口围住四个交叉处，并确认。

响应：<Select object to trim>Project/Edge/Undo：

在每个标有 X 处选点，选完 4 个点之后按回车键完成。

（十五）如何捕捉两条线的可能交点

可以用视野中的相交物体捕捉两条线的可能交点。假设有两条不平行的直线，为了捕捉它们潜在的相交点，而不是使其真实相交，设计人员需要先使用一个近似【CIRCLE】的指令，接着键入【APP】或是在 Object Sanp 菜单中选择【Apparent】或【Intersection】选项，之后再分别点击第一条直线和第二条直线，这样就能够捕捉到它们潜在的相交点。

（十六）如何选择被另一个对象覆盖的对象

在应用三维面的辅助线时，往往会出现把某个对象覆盖在另一对象上的问题。

要想处理这种问题，可以利用对象循环法。在选择对象时，先按下【Ctrl】键并选择对象，这样就会一个个地找到所有可以寻找到的对象。因此，假设有一个覆盖着一条线的三维面，则该三维面首先会成为高亮状态，当按下【Ctrl】键继续寻找对象时，那条直线也变成高亮状态了。

若想开一种图形不规则的视窗或交叉视窗，则使用 Select Object 中的选项【Wpoly】或【Cpoly】就可以实现。在 Select Object 显示符下，键入【WP】或【CP】即可。先是显示一个点（与视窗的第一角点相同），接着是第二个点，随即封闭这个多边形；也可以不断点击另外的角点，使这个多边形不断放大。使用这种方法，可创建一种大小恰好包围着所要选取的目标的不规则多边形视窗。当画好 Wpoly 或 Cpoly 曲线后，在选定各类型前都可以按下回车键。这时，对象仍然位于 Select Object 的提示符下。

【WP】与【CP】之间的唯一不同之处在于，【WP】必须与视窗的功能一致（目标必须全部处于视窗中），【CP】与交叉视窗的功能一致（被选择的目标可能在视窗之中，也可能与视窗交错）。

（十七）如何将圆打断为两个圆弧

AutoCAD 不可以将某个圆打断为两个圆弧。但是，很多时候设计人员需要两个圆弧，而不是同一个圆，也就是要把两个圆弧互相连接。在圆周上的两个点处断开（按逆时针方式打断），两点间的弧就不见了，然后，设计人员可用【SEC】再做一次圆弧，取代原来缺掉的那个圆弧。

（十八）如何捕捉实际上并不存在的可见交点

在三维画面上很容易出现看似有交集但实际并不出现的交集，也就是在调整角度导致线条相交后，所出现的交集其实并不存在。若要捕获表层上的交集，则在每个 AutoCAD 指令后面键入【APP】或在 Object Snap 菜单点击【Apparent Intersection】选项。将捕获框置于表层的交集中，AutoCAD 就会捕捉到它。

在 AutoCAD 的早期版本中，只有当相交是由一定规律的平行线所形成时，AutoCAD 才可以辨认它们；但当相交是由拉伸线或实体形成时，则无法辨认它们。

在 AutoCAD 的将来版本中，可能会有改变。这里有一个窍门：假如因为拉伸问题而捕捉不了交点，可在该拉伸处画一条辅助线，这样就可以捕捉到这个视觉上的交点，然后再取消那条辅助线。

（十九）如何把两个弧重新连成一个圆

假定用上述方法将圆周打断为两个圆弧，就可以把这两个圆弧连成一个完整的圆周。不要试图用【PEDIT】命令将它重连接为一个圆。虽然该命令看似已经被执行了，可是它并没有完成，因为它并非一个圆，而只是一个封闭的多义弧。

最简便的方法是，先估算一个圆的半径与圆心，然后擦除圆弧，重新画出这个圆。

（二十）如何用控制柄选择多个基准点

在选择了对象之后，单击一个基准点。若需要同时点击其他的基准点，可在点击其他基准点的同时，按【Shift】键。注意，只能单击标准点，否则 AutoCAD 将会认为设计人员要拉伸、复制所选的对象。

如果要拉伸一个矩形，则应先按住【Shift】键。点击三个相连的线的基准点，之后再放开【Shift】按钮。为了激活该选择集，再点击上述基准点之一，就可以进行拉伸了。

（二十一）如何将单样条曲线转化为更多义样曲线

这一操作不能用拆散的方法，但有一个窍门，即擦除图中除了样条曲线之外的所有对象。当被问及选择对象时，设计人员可键入【ALL】，然后键入【R】，移去除样条曲线外的所有对象，最后确认该选择集。现在，图中除了该样条曲线外什么都没有了，键入命令【SAVEASR12】并给出一个图名，这样就能把该样条曲线进行保存。

键入【OOPS】再按下回车键，就可以将图片的其他部分恢复过来，擦去样条曲线，键入【INSERT】，在（0，0）点插入所储存的图片，必须在图片的最前边加上星号（*），这样才能够确保不包含块的内容，同时该图片也不能被当作一个块放入。

（二十二）如何利用控制柄延长对象

选择一个或多个想要延长的对象，这时各个控制柄就都显示出来了，这时应选取一个控制柄。当鼠标距控制柄很近时，其会捕捉到该控制柄，一旦选中了这个控制柄，它的颜色就会改变，以示选中了一个基准点，此时就已处于自动延长方式。但是，这其实是一种假象，此时所能延长的只是控制柄点的位置。如果延长的对象是一条线，并且其基准点是中间点，则只要在屏幕另一个位置上点一下，整条线就能被移到新的位置上，不会被延长。而如果基准点是线的端点，那么在屏幕另一位置上点一下，该端点就能被移动到那个位置上。由此可见，基准点不同，结果也不同。

(二十三)　如何利用控制柄移动对象

按下【Shift】键，再选取一个或多个需要移动的物体，控制柄就会展示出来。放开【Shift】键，然后选取任一个控制柄为基准点，这时物体就处于自动延长模式中。在这个模式中，可以移动一个物体，不过需要以圆心或中点为基准点。

在移动方式里，可以使用任意一个点为基准点来移动物体。键入【MO】或是按下回车键即可加入移动方式，而按住空格键就能够在移动方式与延长方式之间来回转换（从 Screen 菜单中选择 Move 也能够加入移动方式）。那么怎样在墙段上画剖面线呢？当墙段被门、窗户或其他元素所打断时，画剖面曲线将显得更为复杂。此时，必须在将全部窗户置入后再画剖面线，而将每个部分都置入已经画过剖面线的地方，这其实是一个很大的错误。这样做的话，将全部剖面线打散后，再将整个剖面线区清除干净，会产生过多的对象。而且，如果要移动门该如何处理呢？首先要做的是确定每个部件都已插入，接着画 "Outline" 的新层，用【PLINE】跟踪墙线，最后确定停止于门或窗户的位置，然后封闭所有多义线，再不断地画下去，直至每个需要画新剖面线的地方全部被多义线封闭。

当所有需要绘制剖面线的地方都被完全封闭后，在任意地方画剖面线便是非常简单的事情了。剖面线务必画在与原轮廓边缘层有所不同的层上，这样能使其可见度更易于控制。

(二十四)　如何使点的尺寸相对于屏幕尺寸不变

系统变量【PDSIZE】可以被用来调节点或节点间的距离长度。因为这是一种绝对尺寸，所以当在某个地方放大时，节点的宽度也将增大。

下面的办法是使节点的长度相对于屏幕宽度不变化，而不管缩放系数多大。键入【PDSIZE】时应取负值，这样设置后，在动作缩放时，点的大小就不会变化了。同时，还可以键入【DDPTYPE】设置点的大小与屏幕大小的百分数，这可以在【Point Style】调度命令中进行。

（二十五）　如何封闭不同时间绘制的一系列线段

最简单的办法，就是先用【PEDIT】指令编制好它们的一条线段并将其转化为多义线，接着键入【JOIN】指令，接着再用窗口选中每个对象，结束键入【CLOSE】指令，AutoCAD 就可以确保每个对象两端的位置，再画一段多义线将它们连接起来，此时这组对象就成了一段单独的闭合多义线。

（二十六）　如何画椭圆弧

没有【ARC】命令，设计人员只能像通过打断或剪切圆来创建弧一样，也可以通过中断或剪切椭圆来创建椭圆弧。

先建立一个椭圆，然后打断它。打断或剪裁部位决定了弧的大小。如果打断后方向不对，设计人员可试着在要打断的椭圆上每端划一条辅助线，然后用【TRIM】指令。

椭圆实际上是一个多义弧。在中断、剪切或打散椭圆后，它就成了一个组件。椭圆被打断后，需要用【PEDIT】命令重新将弧连起来，这样才能真正产生一条椭圆弧线。

（二十七）　如何控制多线的始端头

键入【MLSTYLE】或选中 Multiline Style 图标后，在 Multiline Style 中选定要调整的形状或选中 Multiline Properties，会出现对话框。在【Caps】下，单击复选框，便可以在线的始末端添加端头标志；也可以在两条外部线段或内线段上设置弧；还可以设置连接，如线的拐角被旋转后所放置的线，同时，也可以对线进行填充或指定颜色。

（二十八）　LINE 长度的新用途

【PLINE】的【Length】子命令不常用到，因为在该命令下只能在一个已知点沿着同前一条直线或多义线一样的方向和角度画出多义曲线。

要将某些点相对于图中的其他几个点定位，可通过相对位置命令或重新设置 UCS 两种方式实现。不过，这两种方式也不是很方便。

请看下面几个实际案例。假设每条直线或多义曲线都已画完（注意多义曲线的方向），之后的主要任务就是把一个点定位在上一个点前的三个单位处。一般而言，必须先在这里结束当前的直线，然后重新画另一条直线来认证这点，以使其相对于另一个点定位。

这是一件比较困难的事情，而用【PLINE】的【Length】子命令，就会比较简单。

键入：【PLINE】〈回车〉

响应：From point：

选取上一点。

响应：Arc/Close/Halfwidth/Length/Undo/Width/<Endpoint of line>

键入：【L】〈回车〉

响应：Length of line：

键入：【-3】〈回车〉

（也可键入任何正负数。正值时线将被拉长，负值时线则顺着多义曲线缩回。）

（二十九）如何将文本与剖面线组合

要想将文字或任何内容置于剖面的范围内，则务必要为文字预留位置。设计人员在要画剖面线条的物品上画长方形，接着键入文字并擦除长方形边框。

这一方式有助于总体控制文本的空白部分的形态和尺寸。如果先键入文字再绘制剖面曲线，在 AutoCAD 中便能控制空白部分。当键入多行文字时，该方法尤其适用。

（三十）如何取消层

取消层不是一个命令所能及的，下面一项项来探讨。

（1）假如只是不显示该层，就可使用【LAYER】命令中【FREΞZE】的【OFF】子指令。又或者，可以在层的下拉式排列框（在 ObjectProperties 工具栏）中点击箭头，使该层出现太阳图标。

（2）若要清除层中的文件，可按以下流程执行。首先转换到删除的层，然后冻结所有其他的层。同时，打开"Layer Control"对话框，先点击 Select All，然后再点击 Frz。

键入：【LAYER】〈回车〉

响应：Make/Set/New/ON/OFF/Color/Ltype/Freeze/Thaw：

键入：【FREEZE】〈回车〉

响应：Layer name（s）tofreeze：

键入：〈回车〉

键入：〈回车〉（结束【LAYER】命令）

键入【＊】，可以显示冻结图中的任何一层，但 AutoCAD 不可以自动冻结当前层，这也正是在命令启动前要先转到该层的原因。

使用【ERASE】命令，对画面中的每个物体开一个交叉窗口。如果无法发现所有的物体，设计人员可使用 ZOOM 功能的五因子，把图中的物体放在画面中间，这时取消层就非常容易了。

键入：【LAYER】〈回车〉

响应：Make/Set/New/ON/OFF/Color/Ltype/Freeze/Thaw：

键入：【T】〈回车〉

响应：Layername（s）toThaw：

键入：〈回车〉

键入：〈回车〉（结束【LAYER】命令）

（3）若要完全取消层，则首先要按以上步骤，删掉层上已有的全部内容。设计人员可以用【PURGE】命令清除任何未用的对象层，比如选用 LaYers。它将依次进入没有对象的层，并询问客户是否将它们去除。如果回答"Y"，将会去除该层。

（三十一）如何使线型正确显示

有时的线型明明为虚线，但却表现为连续曲线，这会使人迷惑。而产生该现象的原因或许是因为【VIEWRES】影响了比例（通过图的重新生成可消除），或者是因为【LTSCALE】设置有错误，又或者两种原因都有。

【LTSCALE】能够调节线型的比率。如果比值增大，则在显示器上和最终绘图输出时的直线或点之间的物理间距将增大。【PSLTSCALE】是一种系统变量，若设置为 0，则整个系统的【LTSCALE】能对等地监控所有图样的空间视窗比率。若将【PSLTSCALE】的值设为 1，则不管查看时的缩放大小如何，图纸空间视窗都将准确反映线型比例。

（三十二）透明层

一旦块中的实体处于多个层上，则需保留原始层的颜色和线型。这一点非常有用，不管如何嵌入块，它都具有创建该块的层的特点和线型特征。但有时，要求新嵌入的块的特征必须和所插入的层相同。第 0 层为透明层，这就表明，在第 0 层创建的块也具有层的特征，和插入时所在的层的特征一样。

属性通常也应该是块的重要组成部分，因此，只有当块插入后，具体数值才会出现。

若某块已出现，设计人员必须给其增加新属性。首先应在图中的一个部位插入它；其次解体此块，并通过【ATTDEF】指令来重新创建属性；然后重新组成此块并回复"是"，回答是否需要再重新定义此块。

请注意，只有重新定义块，属性才会出现。

（三十三）如何在平行线间插入对象

设计人员可按如下过程来操作。

（1）确定平行线间的距离。

（2）在第一条平行线上插入对象，并旋转此对象，使其与平行线的高度相等。

（3）用【Reference】来缩放此对象的尺寸，将其与平行线的距离作为对象的新距离。

此步骤，假设设计人员不了解插入对象的实际长度，但如果已知其尺寸，就可以同时进行缩放。

完成【COLOR】和【LINETYPE】的任务后，将其还原至 BYLAYER 状态。

若用了【COLOR】或【LINETYPE】命令，没有恢复为 BYLAYER 状态，则会受到困扰。当下一次操作时，原本希望该层为某种色彩，但事实却是上次设置的色彩。当执行【COLOR】和【LINETYPE】命令后，将其还原为 BYLAYER 颜色，就可以防止再出现这样的问题。

（三十四） 如何恢复一幅坏图

有时调入一张已经很久不用的图，该图在重现时，会发生严重错误。发生这种情况后，可以建立一个新的空图，其范围和单位都与要调入的、有问题的图形一致，然后在（0，0）点处插入有问题的图。这样做，常常可以挽救损坏了的图形文件。

（三十五） 标签排列

只要依次逐行加入属性，设置标签顺序是较为容易的。在询问开始点时，按回车键就可以继续下一列。但问题就在于当完成了另一条新的属性后，又要返回第一条再添加一个新属性的情况，此时怎么手动设置标签呢？

首先，确定每条属性文件的插入位置，然后键入【DTEXT】。当查询新的起始点时，先键入【@】，然后按回车键，再继续按回车键，直至发现提示符 Text，然后再任意键入下一个文字。

其次，对假定文本的插入点执行【ID】命令。接着键入【ERASE】命令和【L】子选项，以清除假定文本。

最后，选择【ATTDEF】。在查询起始点时，先键入【@】，再按下回车键，这样文字就会显示在正确的地方。

（三十六） 单位块

有时，可将块的长度建立为某个单元，并在插入时再决定其数量。使用这种方法时无须建立所有可能大小的比块。但其缺陷是若假设 X 与 Y 的比例因子有所不同，则之后就不能拆散比块。而假如要求多个各种大小的比块，则可选择先写出某个过程，再将其参数化，即首先查询目标的长度，并据此建立该目标。

（三十七） 文本及注释技巧

有两种办法能够保证把文字限制在一定的范围内——选择【Align】或【FIT】选项，但必须了解它们之间的差异。

使用【Align】后，将自动问及起始点和终止点。AutoCAD 可通过改变图像的高度把图像限制在规定范围内。

使用【FIT】后，同样也会被问及启动点和终止点。AutoCAD 可通过改变文字的长度把文字限制在规定区域内，但文字的宽度不变。所以，在这种情况下规定区域内的文字越多，就会显得越拥挤。

键入：【DTEXT】〈回车〉（或者从 Draw 工具栏中选取）

响应：Justify/Stylel<Start point>

键入：【A】〈回车〉

响应：Start point

选取开始点。

响应：Endpoint

选取结束点。

响应：Text：

键入：文本。

这时，文本会缩小，并限制在这两点中间，而高度也会被改变。

垂直书写是文本样式的属性之一，如何垂直书写文本？当问到此问题时，回答"Y"。

在 Data 下拉菜单中可以使用 Text Style。

键入：【STYLE】〈回车〉

响应：Textstylename （or?）：

键入：【R25】〈回车〉（这是样式名）

响应：New style：

Font file：

显示器上出现文字对话框。即可选择所需的字体文件后再继续进行；或者点击【Type it】按键，在指令行键入文本文件名。

键入：【ROMANT】〈回车〉（这是 AutoCAD 字体名）

响应：Height：

键入：〈回车〉

响应：Width factor：

键入：〈回车〉

响应：Obliquing angle：

键入：〈回车〉

响应：Backwards？

键入：〈回车〉

响应：Upside-down？

键入：〈回车〉

响应：Vertical？

键入：【Y】〈回车〉

响应：R25 is now the current text style

那么，如何给文本加下划线或做标记？

在要加下划线或做记号的文字的前面插入以下记号，这种标记也将被嵌入文本行内。

键入【%%u】，表示下划线开或关。

键入【%%0】，表示上划线开或关。

那么，如何完全改变文本字体？

大部分的文本字体都采用【STYLE】进行控制，所以，如果想要更改文本字体就需要更改文字样式，在这里可以使用【CHANGE Point】命令实现。

不过，若要使用【CHANGE】命令编辑大量的文件，则比较麻烦，因为常常要选择其他类别的文件。一旦更改样式的定义，图中同一形式的任意文件的字体都将会发生变化。所以，设计人员只有在必须修改所有文字时才会采用这种技术。

（三十八）如何计算曲线围成的面积及周围不规则区域的面积

一种方式是沿曲线的 ObjectSnap 选取几个点，但这样做得出的结论并不完全准确。另一种方式是假设要测量的范围已经全部被单个对象所覆盖，那么就可以选择【AREA】命令的【Object】选项。

假如在该区段中没有某个物件，则最好利用【PEDIT】指令把它变成某个物件。当指定图形中的单线时，AutoCAD 就会提醒它不是多义线，并咨询是不是把它改为多义线。回答"Y"，就可再使用【Join】子指令把它和任意对象连接在一起，从而产生单个目标。结束后，可选择【AREA】指令的【Object】选项。

在这些区域被确认后，可通过【EXPLODE】命令把该区域重新拆散，回到最初的位置。

还有一种方式是通过【REGION】命令选择几个区域，使其成为一个区域。其他方法也和多义线的连接方式一样，当然，最后还应该使用【EXPLCDE】命令，把这个区域拆散，并使其回到原有位置。

键入：【AREA】〈回车〉（或在 Object Properties 工具栏中选择）

响应：<First point>Object/Add/Subtract：

键入：【0】〈回车〉

响应：Select circle or polyline：

在确定了相连的多义线范围后，AutoCAD 将提供这个区域的面积。

（三十九）如何控制文本行的间距

在 AutoCAD 中，【TEXT】命令在产生下一个文本行时，要通过自己的计算方式来确定行距。在使用时，设计人员可能希望把行距当作一种变量加以设定，但是这么做非常麻烦——需要在每次键入下一行文字时给定位置，比如@ I<270，这样才能够设定行距。

（四十）注意多行文本框的开始位置

多行文本框的开始位置是非常关键的，因为它确定了文字的插入位置。如果将该框设置为由左上方至右下角，则文字也将从上往下设置。假设该框从左下角到右上方，而文字则会从左下角出发，并且仍然从上至下设置，这样文字就位于边界框架之外了。假设对齐方向是 Top 或 Left，其文字将位于边框之中，所以在选择文本框时最好设置为从左上角到右下角。

（四十一）如何迭起小数

首先在【MTEXT】指令或是 Draw 工具栏中选择 Multline Text 图标。

Multline Text 图标通常放在 Draw 工具栏。选择两点，先画出一张文字框，并用它围住所有要放入文字的地方，之后再键入文字，以确保文字中存在普通的小数，比如 0.8。键入完毕后，点亮要迭起的小数。在点亮时，按下鼠标左键，并使其沿文字方向拖动，接着选择 Stack。

（四十二） 如何迭起文本

首先加入【MTEXT】指令或者在 Draw 工具栏中选择 Multline Text 图标。

Multline Text 图标位于 Draw 工具栏。选择两点，再用某个文字框围住所有要放文字的地方，接着键入文字，最后（按键盘上的【Shift+6】）间隔两项就可以获得迭出的文字。例如，72^75。键入完成后，点亮要迭出的文字。点亮后，按鼠标左键，并将其文字旋转，最后选择 Stack。

（四十三） 如何给自定义的词典添加单词

可以使用拼定与检查程序来实现此操作。

Spell 图标，位于 Standard 工具栏。选择对话框中的 Change 为 Dictionaries。接着键入要制作的词典名称，其中应包括路径，以确保文件名后缀都是".CUS"，即可变成活动的自定义词典。当在建议框中标出的单词的格式正确时，设计人员可以点击 Add 按钮，向其中加入单词。

（四十四） 三维状态下的尺寸标注

在三维状态下标注尺寸时需格外谨慎。否则，尺寸就会是错误的——至少没有线段的绝对宽度。AutoCAD 有时也会给出线段的表面尺寸。

假设要获得线段的绝对宽度，那么所使用的【UCS】指令必须平行于对象。要实现这一步，就要用【UCS】指令和【Object】子指令。这里存在的一个问题就是标注文本的方位可能不准确。一旦出现了这个问题，就要加入【UCS】指令中的【Y】子指令，并转动【UCS】，直到书写文字的方位变为 X 轴正方向。

（四十五） 如何使文本从已输入文本的正下方开始

先用【ID】命令给出文字插入点的位置，之后才能输入【DTEXT】。在询问的起始点之后，键入【@】并不断按回车键，直至产生提示【Text】，这样，文本才会被成行地表示出来。

（四十六）　如何正确修改文本尺寸中的文字

如果使用普通的命令改变相应尺寸中的文本，则几乎要破坏相应尺寸。使用者也可预先拆散尺寸再重新编辑文本，但之后就无法再恢复相关尺寸特性。

而利用【DLM】命令中的选项，【Newtext】指令能够产生可修改物体体积的文字，但不能修改其特征。一旦拉长或平移物体，体积就会随之转移，而文字不变。若要将相关尺寸的更改恢复到正常状态（完成相关计算），则可继续运行【Newtext】指令，在需要更新文件时，再按下回车键。此时，尺寸标注文件将会主动变成尺寸的当前值。

（四十七）　如何改变文本在尺度线上的位置

一些较小尺度的标记往往会因为定位空间的不足，而使尺寸文字标注到距离尺度线很远的地方，使文件看起来更加混乱；而左右误差不一样的公差尺寸标记因为通常没有办法与公差线一起标示公差的名称尺度文字，而且公差的名称尺度文字通常在尺度线的中央区域，所以很容易导致整个文字都不在尺度线中央，或者只有一边到了尺度线。R13 之后的修订版则增加了【DimtEdit】指令，这使设计人员能够任意拖动名称尺度文字至任何地方，从而避免了上述困难的出现。R14 修订版的【DimtEdit】指令则可以利用直接单击 Dimension 工具条的【Dimension Text edit】指令来完成，也可以利用【Dimension】下拉选项的【Align Text】指令来完成。

第三节　机械 CAD 图形管理与绘图规范

机械 CAD 图形管理与绘图规范是确保工程图纸标准化、规范化和可传承的重要基础。设计人员通过统一图纸格式、线型线宽、标注样式与图纸模板等方式，不仅可以提高绘图效率、减少沟通误差，还能提升设计数据的可复用性和增强跨团队的协同能力。

一、图幅、图框与标题栏设置规范

（一）图幅与方向

机械 CAD 中的图纸幅面应按照标准进行设置，常用图幅尺寸要求如下。
（1）A0 纸张的尺寸为 841 毫米宽、1189 毫米高。
（2）A1 纸张的尺寸为 594 毫米宽、841 毫米高。
（3）A2 纸张的尺寸为 420 毫米宽、594 毫米高。
（4）A3 纸张的尺寸为 297 毫米宽、420 毫米高。
（5）A4 纸张的尺寸为 210 毫米宽、297 毫米高。
图纸方向分为横式与竖式，其选取方向通常与图纸内容的主要展开方向一致。

（二）图框设置

图框是图纸内容的边界，通常在四周设置边距（以 A3 纸张为例，左侧 20 毫米，其他三边为 10 毫米）。图框线需采用 0.7 毫米线宽绘制，图框内部可加辅助分格线，用于分区定位。

（三）标题栏（图签）

标题栏应设置在图纸右下角，常见字段包括以下内容。
（1）图纸名称与编号。
（2）设计人员、校对人员、审核人员、批准人员。
（3）比例、单位、出图日期。
（4）所属项目、设计阶段。
（5）公司或院所名称。
在机械 CAD 绘图中，建议使用属性块（Attribute Block）制作图签，以实现图纸信息的自动填写与批量编辑，提高效率。

二、技术要求、标注字体、线型与线宽规范

（一）技术要求

技术要求是对图纸所表达对象的补充说明，应使用标准术语明确表达，不得含

有模糊语言。其要求包括以下几个方面。

（1）表面粗糙度、热处理要求。

（2）装配间隙、公差等级。

（3）材料与工艺标准。

（4）特殊使用说明、安全提示。

（二）字体规范

图纸中的文字应统一字体与高度。常用字体及应用场景有以下具体要求。

A 系列纸张按照国际标准定义，其尺寸会随着编号的增加依次减小。各图幅代号及其对应的宽度与高度（单位为毫米）如下。

每减小一个图幅编号，纸张的面积就减半，通常是通过将上一幅纸的长边对折实现的。例如，将 A0 纸张沿长边对折即可得到 A1 纸张，以此类推。在工程绘图中，不同的字体类型应用于不同的图纸场景，建议使用的文字高度如下。

仿宋_ GB2312 字体常被用于标题栏和注释部分，建议的字体高度为 5.0 毫米或 3.5 毫米。

Romans. shx 字体适用于尺寸标注和一般图纸文字内容，建议的字体高度为 2.5 毫米或 3.5 毫米。

txt. shx 字体适用于通用的简洁说明文字，建议的字体高度为 2.5 毫米。

这些字体和字号的选择有助于保持图纸在打印输出或投影查看时的清晰度与规范性，并且可按此比例等比缩小。

（三）线型与线宽规范

在机械工程绘图中，不同的图形元素可采用不同的线型和线宽，以准确表达图样含义。

（1）可见轮廓线使用粗实线，线宽一般为 0.5 ～ 0.7 毫米，可被用于表示物体的可见边界。

（2）不可见轮廓线采用虚线，线宽为 0.25 ～ 0.35 毫米，表示被其他部分遮挡的结构或边界。

（3）中心线使用点划线，线宽为 0.25 毫米，可被用于表示物体的轴线、对称中心线等。

（4）尺寸界线是实细线，线宽为 0.25 毫米，可被用于尺寸标注中的辅助定位。

（5）剖面线采用细实线，线宽一般为 0.13 ～ 0.18 毫米，可被用于表示剖视图中的剖切区域及其纹理方向。

三、机械 CAD 图纸风格与模板

为确保图纸的一致性、工程数据的规范性和跨团队的协同效率，统一机械 CAD 图纸风格与模板是图形管理的基础工作。建立标准模板、统一图纸样式、规范命名与版本控制，以及进行模块化图纸元素管理，可大幅提升绘图效率和质量。

（一）制作标准模板文件（. dwt）

制作标准模板文件（. dwt）是绘图工作的起点，是实现图纸风格统一的基础载体。在模板中，应预设以下内容。

1. 标准图框与标题栏

图框按照 A0 ～ A4 纸张幅面进行规范制作，包含标准边距、分区格线。

标题栏使用属性块（Attribute Block）创建，包含图纸编号、项目名、绘图人、审核人、出图日期、版本号等，以实现信息的快速填写与批量处理。

2. 常用图层预设

统一图层命名、颜色、线型、用途。

OUTLINE：外轮廓线，颜色为白色，0. 5 毫米。

CENTER：中心线，颜色为绿色，点划线。

TEXT：注释文字，颜色为红色。

DIM：尺寸标注，颜色为青色。

注意，图层数不宜过多，并应合理分类，配合图层状态管理器使用。

3. 文字样式与尺寸样式的统一

设定统一的字体、字高，定义统一的尺寸样式：如箭头样式、标注间距、公差显示方式、文字位置等参数必须一致；可根据项目需求建立多个标注风格，如ISO-DIM、MECH-DIM。

4. 打印样式表文件（. ctb）的设定

可使用打印样式表文件（. ctb）管理颜色对应的线宽。

在模板中设置默认打印样式，以确保所有图纸输出线的宽度统一且清晰规范。

建议预定义打印页面布局，并保留打印窗口设定。

（二）建立图纸样式库

图纸样式库是图纸风格统一的核心，是模板的延伸与标准的集成。

1. 样式库的内容

（1）图层标准（Layer Standard）。

（2）标注样式库（Dimension Styles）。

（3）多重引线样式（Multileader Styles）。

（4）表格样式（Table Styles）。

（5）块资源库（Blocks）。

2. 样式库的作用

（1）保证各类图纸（装配图、零件图、工艺图）中各元素的视觉统一。

（2）快速调用常用资源，减少重复设计与设定，提高效率。

（3）图纸文件可以通过样式更新脚本快速批量更新已有图纸的样式。

（三）实行命名规范与版本管理

1. 图纸命名规则

（1）产品编号/模块代号（如"TC-01"）。

（2）图纸类型（如"ASSEMBLY""PART""WIRING"）。

（3）设计阶段（如"D"设计、"P"生产、"F"最终版）。

（4）版本号（如 V1.0，V2.1）。

2. 版本管理

（1）禁止在文件名中使用"最终版""最新版"等模糊字眼。

（2）所有修订须填写变更记录（建议放在标题栏或附页）。

（3）可利用 PDM 系统或 PLM 系统建立图纸审批流程。

（4）每次出图均须存档保留，避免误用旧版的情况发生。

3. 与物料清单（BOM）联动

（1）图纸编号与物料编码应一致。

（2）图纸修改应同步更新设计数据库。

（四）运用块（Block）和外部参照（Xref）

1. 块（Block）管理

（1）建立企业标准图块库（如螺钉、焊接符号、接线端子等），以提高复用效率。

（2）推荐使用动态块（Dynamic Block），支持图元可调、自动对齐等高级功能。

（3）使用命名规范，以方便搜索和调用。

（4）图签块应使用属性块（Attribute）设置，支持字段绑定图纸信息（如项目名、编号、设计人）。

2. 外部参照（Xref）使用场景

（1）外部参照可被用于大型装配图或工程总图中，应避免一个文件中内容过多的情况出现。

（2）各个子装配图或构件图可作为独立文件被主图引用，以实现多人并行工作。当子装配图修改后，主图应自动同步更新。

（3）建议设置统一的参照路径与图纸结构目录，避免断链或文件丢失的情况出现。

第四节　机械 CAD 与三维建模的基础连接

随着制造业数字化水平的不断提升，传统的二维 CAD 绘图正在与参数化三维建模软件深度融合，形成了覆盖从设计、仿真到制造全过程的数字化工作流。

一、基础三维建模命令

（一）草图是三维建模的起点

（1）大部分三维实体建模都源自二维草图。

（2）草图要素包含几何图形、尺寸约束、几何约束、参考元素。

（3）优秀的草图设计应具备逻辑清晰、最少图元、最大参数复用性等特点。

（二）草图建模的关键技能

（1）几何约束：采用水平、垂直、相切、同心、对称等，以保障图形受控。

（2）尺寸约束：对关键参数进行精确定义，以保障图形尺寸正确。

（3）草图完全定义：这是高质量建模的基本要求。

（4）草图复用：利用复制、镜像、阵列等方式进行复用，提高建模效率。

（三）三维建模常用特征命令以及与草图的结合关系

在三维建模中，不同的建模命令适用于不同类型的草图输入，可生成特定的几何结构。常见命令及其对应的草图要求与建模效果如下。

拉伸（Extrude）命令需要一个封闭轮廓作为草图，操作后可以生成拉伸的实体或用于切除的实体，常被用于构建基本的块体或孔洞。

旋转（Revolve）命令则要求草图为封闭轮廓加一条中心线，通过绕中心线旋转形成轴对称的实体，适用于轴、轮等回转体建模。

扫描（Sweep）命令需要提供一个轮廓和一条路径线，将轮廓沿路径移动生成实体，适用于创建管道、电缆等具有复杂走向的结构。

放样（Loft）命令依赖多个不同截面的草图，能在这些截面之间进行形体过渡，适合创建具有渐变变化的实体，如流线型外壳或渐变连接结构。

阵列（Pattern）命令可基于一个草图或已建的特征，在指定方向或规律下复制多个相同结构，如孔阵、齿轮齿形等重复结构。

镜像（Mirror）命令同样支持对草图或已有特征进行操作，可通过相对对称面复制实现对称结构的快速建模。

二、从 2D 图纸到 3D 零件模型的转换思路

（一）转换前的准备

（1）明确图纸结构：识别主视图、俯视图、左视图之间的投影关系。

（2）提取关键数据：注意尺寸链、基准面、加工基准、公差要求。若图纸为 DWG 或 DXF 格式，建议使用清晰的图层管理结构。

（二）导入与草图重建

在建模软件中导入 2D 图纸，并将其作为草图底图；将 2D 轮廓图转化为草图元素，添加几何和尺寸约束，形成有效建模草图；如果图纸较复杂，可按分段建模思路逐层拆解：主轮廓→二级结构→特征细节。

（三）模型重建策略

（1）"主特征＋附加细节"法：优先建立主要外形结构，再构建孔洞、倒角等细节特征。

（2）构建装配关系：零部件建模完成后，可使用装配模块将各组件进行配合、对齐、固定。

（3）预埋设计意图：模型中加入可配置尺寸变量，以满足后续的扩展需求。

（4）多配置设计：使用 Design Table（设计表）或 Configuration（配置）管理多个版本。

（四）验证与修正

利用质量分析功能检查体积、质量、重心位置；进行干涉检查（Interference Check），以确保其装配合理；参考二维图纸标注进行公差与形位尺寸比对。

三、视图管理与工程图生成技巧

（一）工程图视图类型与创建技巧

在工程图中，合理选择视图类型可以更清楚地表达零件或装配体的结构特征。

各类视图的功能、适用场景、创建方法描述如下。

主视图是图纸的核心视角，通常被作为主要投影面使用。创建时须从三维模型中选择一个主平面，并设定合适的视图比例，以反映物体最具特征的一面。

投影视图可被用于从主视图延伸，能生成与其方向垂直的正投影图，如俯视图、左视图等。该视图可自动派生，无须重复建模。

剖视图适用于表达复杂内部结构，如齿轮、轴承、腔体等装配件内部细节。创建时需绘制剖切线，并选择剖切方向，以生成剖开的内部结构视图。

局部剖视图则可被用于放大显示某一局部区域的内部结构。其方法是绘制一个封闭的剖切区域（如圆形或任意闭合图形），仅对该区域进行剖开显示。

爆炸图可被用于展现装配体的零部件安装顺序与结构层次，特别适合装配指导与说明。建立爆炸图需设置爆炸路线，并可加入气泡编号以标注各部件。

旋转视图可被专门用于表达可旋转结构或螺旋形零件的展开形态，如法兰孔分布、螺旋槽等，以便更直观地显示其布局。

装配位置对比视图可被用于展示某一零件或子装配体在装配前后的位置变化，方便设计人员理解其动态配合关系。

（二）工程图标注与尺寸管理

（1）尺寸标注应基于三维模型自动提取，避免重复标注错误。

（2）所有注释都应符合国家绘图标准。

（3）可使用智能尺寸功能自动识别几何特征标注。

（4）可使用表面粗糙度符号、焊接符号、形位公差符号来丰富图纸技术要求的表达。

（三）表格与物料清单（BOM）管理

（1）自动生成零部件明细表：根据模型属性自动生成。

（2）气泡编号自动与 BOM 关联，拖拽自动编号，以便装配对照。

（3）可输出 Excel、CSV、PDF 等多种格式，以满足工艺、采购、管理等多部门的需求。

（四）输出与版本管理

（1）可批量导出 PDF、DWG、DXF、STEP 等文件。

（2）所有工程图应带有版本号、修订记录与签名栏。

（3）建议使用 PDM 系统管理图纸文件，确保文件的更改可控、过程可追溯。

第五节　机械 CAD 技术的最新发展趋势

随着工业 4.0 和智能制造浪潮的持续推进，机械 CAD 技术正从传统的二维制图工具向"设计—制造—管理"一体化数字系统演进。

一、机械 CAD 与智能制造的融合（CAX 系统）

机械 CAD 已不再是孤立的绘图软件，而是智能制造体系中连接设计、工艺、仿真、制造、检测等多个环节的关键，是构成 CAX（Computer-Aided X）系统的核心部分。"CAX"是 CAD、CAE、CAM、CAI 等面向制造活动的 Computer-Aided X 系统群的统称。它们可围绕同一数字模型协同工作，形成"设计—仿真—工艺—制造—检测"的闭环。

（一）多系统融合

CAD-CAM-CNC 一体化：设计模型可直接被用于编程，能够减少中间转换误差。

CAD-CAE 融合仿真分析：如 SolidWorks Simulation 等，将结构、热力、应力分析集成到建模过程中，实现同步优化设计。

CAD-PLM 协同管理：将 CAD 模型直接纳入产品生命周期管理系统，实现版本控制、权限管理、变更记录等功能。

（二）新一代集成特征

在现代制造领域，多个主流 CAD/CAM 平台正在增强集成能力，通过原生功能整合设计、制造和质量管理流程，实现从模型到生产的高效闭环。以下是几个具有代表性的最新动向及其所体现的价值。

（1）原生 MBD 功能方面。PTC 的 Onshape 将 MBD 功能直接嵌入云端 CAD 内核，使设计数据能够携带完整的制造与质量信息，进而实现模型即规范（Model as the single source of truth）。这一功能打通了下游的 CAM 与 CAI 流程，减少了对传统 2D 工程图的依赖，保证了数据的一致性和提升了交付效率。

（2）无缝 CAM 工作区方面。Fusion 将刀路编辑、车铣复合加工、光学检测等制造流程整合于统一的数据平台，形成了真正的一体化环境。用户可以在一次性建模后完成整个制造流程的安排与执行，大大缩短了从设计到交付的周期。

（3）数字线程延伸至车间方面。Onshape 的 PDM（产品数据管理）系统已与 Windchill 和 ThingWorx 等平台实现互通，可支持实时同步物料清单（BOM）、工艺数据和 IoT 设备数据。通过这一数字线程，团队能够更快速地参与质量追溯、制造反馈、售后服务等环节，实现更完整的产品全生命周期闭环管理。

（三）应用场景

在汽车零部件设计流程中，CAD 模型导入 CAE 进行碰撞分析，再导出至 CAM 进行刀具路径生成，最后接入 ERP 完成资源配置，构成端到端的数字生产线。

在离散制造领域，三维 CAD 模型可被用于装配仿真、工装设计、视觉检测与售后维保等。

（四）发展趋势

（1）向"数据驱动"的协同设计方向演化，实现设计数据与制造执行系统的无缝对接。

（2）提倡模型即规范，通过建模过程同步记录工艺信息，可实现无纸化生产。

二、参数化设计与模型驱动制造（MBD）

（一）参数化设计理念

参数化设计理念强调几何与逻辑之间的关联性，所有图形要素可由尺寸、公式、约束共同驱动，使模型具备可调性与可复用性。常见的参数化工具包括以下内容。

（1）全局变量与公式管理器（如 SolidWorks 的 Equation Manager）。

（2）设计表与配置控制（如 Excel 控制的模型族变型）。

（3）逻辑特征控制（如"IF-THEN"条件特征激活）。

（二）模型驱动制造

MBD 通过在三维模型中嵌入制造关键信息（如尺寸、公差、形位、表面处理、材料），取代传统二维图纸，实现了模型即规范、模型即工艺的先进设计方式。

MBD 有如下几个关键特征。

（1）支持国家和国际标准。

（2）可被用于直接生成 CNC 加工代码和三坐标检测路径。

（3）可结合 PDM 系统自动记录工艺版本和修订历史。

（三）实践价值

（1）消除二维图纸理解上的歧义，提升制造的一致性。

（2）降低设计的更改成本，提高研发协同效率。

（3）为数字孪生和智能工厂提供高精度数据源。

（四）实施挑战

（1）企业对设计人员 MBD 标准和公差标注知识的要求较高。

（2）企业须配套支持 PMI（产品制造信息）的下游软件链。

（3）企业必须建立统一的建模规范和数据结构。

三、基于云的协同设计与远程绘图平台

随着远程办公、分布式协同和低成本终端设备的普及，机械 CAD 正逐步从本地部署转向云端服务，诞生了 Onshape、Fusion 360、CAD Web、SketchUp Web 等云CAD 平台。

（一）云 CAD 平台优势

（1）免安装即用：通过浏览器即可访问设计项目，无须部署本地软件。

（2）多端协同：支持在不同设备、系统之间切换编辑，如平板、Chromebook 等。

（3）实时协作与评论：多人可同时查看、编辑同一模型，系统可自动记录修改历史。

（4）云端计算资源：部分平台支持云渲染、云仿真功能，适用于低配置终端用户。

（二）使用场景

（1）跨国企业项目并行设计。

（2）教学平台统一建模环境。

（3）初创企业低成本 CAD 部署。

（三）潜在问题与发展趋势

（1）数据安全性与保密合规问题亟待解决，部分平台已支持私有部署。

（2）网络依赖性高，低带宽环境下的编辑流畅度仍受限。

（3）云 CAD 未来将会融合 AI 驱动、MBD 标准和数字主线管理功能。

四、机械 CAD 与人工智能（AI）、虚拟现实（VR）的集成应用前景

（一）机械 CAD+AI 应用前沿

（1）草图智能识别：AI 可自动将手绘草图转化为标准几何图形或模型。

（2）设计智能推荐：基于历史模型数据和设计规则，AI 可推荐相似零件或优化结构方案。

（3）自动标注与审查：AI 可辅助识别未完全约束的特征、潜在干涉问题或公差缺失点等。

（二）机械 CAD+VR/AR 创新交互

（1）沉浸式评审：通过 VR 设备，用户可在三维空间内观察模型、模拟装配和

检测逻辑错误。

（2）AR 远程协助：利用增强现实技术将 CAD 模型叠加至设备中，可被用于远程安装指导与培训。

（3）虚拟仿真教学：将 CAD 建模过程与 VR 课程相结合，可实现设计培训与人机交互新模式。

（三）技术整合趋势

主流 CAD 软件厂商（如 PTC、desk、Siemens）已将 AI 辅助设计功能纳入产品路线图。

云 VR 平台逐步支持标准 CAD 文件格式导入和多人在线评审。

虚拟现实技术将与 MBD、数字孪生系统深度融合，构建虚拟设计与仿真工厂。

随着智能制造、云协同、AI 设计与沉浸式交互的快速发展，机械 CAD 技术正突破传统绘图工具的边界，成为支撑全生命周期数字化设计的重要平台，主要体现在以下几点。

（1）从设计工具向数据中枢转变：CAD 不仅用于绘图，而且承担着设计表达、工艺传递与数据管理的重任。

（2）从二维向三维、参数化与智能化迈进：利用 MBD、云协作、AI 分析等技术，提升效率与质量。

（3）未来设计人才须掌握跨界能力：既懂建模，也懂数据、懂制造、懂协同，这样才能在新一代设计体系中胜任复杂任务。

第二章 机械CAD项目教学法

第一节 科学导入情境 明确项目任务

一、机械 CAD 课程中的情境设计及方法解析

CAD 软件应用是机械类专业的基础科目。学生熟练掌握 CAD 软件，并能有效运用到实践中，对其日后就业有着重大意义。学校在开展 CAD 课程时，不断为学生革新教学方法，创新教育思想，营造良好的教学氛围，能够使学生更好地投入学习、提高应用 CAD 的能力。

(一) 根据学科实际，确定课程目标，构建富有学科特点的课程情境

机械 CAD 只有与学科相结合，才有意义。以往的教学往往以教师为中心，忽略了学生的主体地位。同时，教师的教学还要注重对工具的介绍，如果没有将工具与该专业深度融合运用，或者没有专业特色情境下的教学，学生就无法灵活、熟练地使用 CAD 的各种功能。所以，教师在进行 CAD 教学过程中，要根据学科的实际状况，确定教学目标。教师在确定了教学目标后，便能够组织学生进行教学活动。学生可以将二维绘制、标注、修改图、块的使用以及相关命令灵活运用到专业实践中。

在给学生构建特殊情境时，教师应该按照学生对知识点的熟悉程度，进行适当分类。

（二）充分运用实物和数字化教育资源，调动学生的积极性

在传统教学方法下，教师会依据教材内容，单纯地给学生灌输知识，不重视其接收信息的需求，这不利于学生思维的自由发散，教学也不能凸显学生的主体作用。因此，教师应充分考虑学生的特点，利用实物、多媒体教学设施、数字化设备等手段营造独特的课堂教学氛围，这样才能够有效地调动学生的积极性，充分提高其学习兴趣。

通常情况下，教师在教授 CAD 命令控制等基础知识点时，使用的实际案例内容单调，动作简单，这会使部分学生感到基础知识点的难度较大；而另一部分学生则会感到课堂气氛单调沉闷，容易形成厌烦心态。在练习机械绘制的过程中，教师应把 3D 打印出的物品展示给学生，或者结合三维效果图帮助学生分析绘图过程。教师通过运用现代化的数字资源为学生构建良好课堂环境，可以让学生直观地体会 CAD 绘图的生动性，进而充分调动学生的学习兴趣，提高课堂教学质量。

（三）充分实施生活化教育、项目式教育、一体化教学，构建良好的教育环境

教师在进行 CAD 课程教学时，应注意结合生活与生产，激发学生兴趣，同时，应紧密结合生活的要求，根据教材内容，贴合学生生活，对其进行生活化教育。例如，教师可以从实际生活中获得启发，构建教育情境。结合学科的特点，针对学科的发展动态进行教学改革，充分实施活动型教育和开展一体化教学活动，构建工学融合的教育环境，让学生可以把掌握的机械理论知识合理地应用于教学实践活动中，进而使其能全面掌握机械基础知识，提升实践技能和核心技能水平，实现全面成长。

综上所述，学校在进行 CAD 课程中，应为学生构建独特的课程情境，便于学生更进一步地理解知识点，并能学以致用。教师在课堂教学中，需要依据学科专业实践，确定课堂教学目标，构建富有学科特点的课堂情境，并积极利用各种教学资源有效调动学生的学习兴趣；同时，实施生活式授课、项目型授课、综合性授课，

构建结合实际学习生活与产品的课堂情境，进而提高授课品质。

二、项目教学法在 CAD 课程中的运用

CAD 软件在目前的工业机械中具有很大作用，最主要的就是它能使机械绘制技术更加准确，从而使机械制造技术的效率得到显著提高。就目前的教育状况来说，提高 CAD 课程的教学效果具有很大的现实意义。项目教学法在 CAD 课程中的实际运用，可以更加合理地提高 CAD 课程的整体效率。其重点是突出学生在教育过程中的主要地位，提高学生在学习过程中的实际能力。项目教学法对于我国教育具有重要意义，推动了我国教育事业的发展，因而受到广大师生的广泛推崇。

（一）项目教学法简介

顾名思义，项目教学法就是根据一定的课题做出课程方案设计的教学模式，其主要目的是训练学生对所学内容的整合与运用能力，并且使其能够通过所学内容更好地完成项目目标。在项目教学法中，学生被放在了教学工作的主要位置，教学过程更加具有开放性，学生能够在学习过程中通过自己的想法主动探究项目的种种可能，从而培养学生"发现问题—分析问题—解决问题"的能力。在开展具体项目探究的过程中，教师只是幕后的引导者，并不直接参与学生的探究过程，这保证了学生学习过程的充分自主性，也激发了学生的学习热情。

项目教学法是在教师的帮助下，把某个相对单独的课题交给学生独自解决的方法。这个过程包括资料的获取、方法的制定、课题执行和最后评估。简言之，就是课程的全部环节均由学生自己承担，而学生经过该项目的学习能够理解和掌握全部流程及每一环节中的基本内容。目前，项目教学法仍然是 CAD 教学的典型方法。

教师在 CAD 教学中使用项目教学法时，主张先练后教，先学后教，强调激发学生的自主学习能力和独立性。学生由探索开始，由自主学习入手，能激发其学习的积极性、创新能力等。此外，在实际的教学活动中，学生唱"主角"后，教师应将自己转为"配角"，这就完成了学生与教师身份的换位，也可以提高教师对学生自学能力、创新能力的训练。

（二）项目教学法在 CAD 课程中的运用

CAD 课程是一门十分强调实用性的学科。采取项目教学法，能够使学生在自主

探究的过程中更好地掌握 CAD 的操作要领，并且熟练运用。教师可以在项目教学法实施的过程中和学生共同完成项目制定的目标，从而帮助学生掌握 CAD 的基本技能。

1. 精心设计项目管理任务，建立合理、先进的项目管理库

项目教学法在 CAD 课程中的运用首先表现在对课程具体任务的明确上。一般的 CAD 课程实行的是课程教学法，也就是根据课程的编写程序，甚至教师的教学大纲来授课，这样的课程存在的突出问题是课程的重点没有被确定，这导致教师上课时针对性不够，学生的学习动力也不足。采用项目教学法以后，教师可以把工作交给学生自行动手，这样一来，资源的获取、信息的掌握可以让其自行进行。而学生在查阅材料的过程中，对于课程的熟悉程度也会逐渐提高，从而对课程具体要完成的任务也就有了较为明确的了解。简言之，运用项目教学法开展 CAD 课程教学，学生对课程具体目标会有比较明确的了解。例如，当某大型机械绘制工程项目实施时，学生经过理解，发现若要进行机械绘制体系的综合优化工作，就必须对其构成、辅助操作和联动性原因等加以全面了解，于是学生会确立具体的控制系统优化目标，如此一来，其对机械绘图的系统因素掌握就更为具体化，而教学总体目标的达成也就指日可待。在项目教学法中，教师首先要根据教学内容科学地确定需要完成的项目，并且为了保证学习过程的全面性，还要确立项目库，以方便 CAD 的教学过程。

（1）CAD 课程项目的选取需要按照课程内容的专业要求进行，并且要确保所设置的项目方案能使教师完成相应的教学任务。要保证项目方案中包含的教学知识与教学大纲相符合，并且各个项目之间的相互联系能层层递进，具备知识上的完整性与开放性。要做到项目方案的设计与学生所学专业相匹配，如模具专业开展 CAD 模具设计项目教学，机械专业开展 CAD 机械设计项目教学。选择正确的项目方案，能够在教学过程中起到事半功倍的效果。

（2）选择项目时要根据教师自身的能力选择。教师只有选择熟知的项目，才能够更好地向学生讲解项目方案实施过程中的各个知识点。教师在选择项目的过程中要量力而行，要根据自身的能力和教学经验选择正确的项目。

（3）项目的选择是一个从易到难的过程。在开始选择的项目中，教师应尽量选择那些操作简单、容易理解的项目，并且在此过程中循序渐进，逐渐增加项目难

度，提高学生对 CAD 技能的掌握程度。

（4）要注意项目选择过程中的层次性。在进行项目选择的过程中要具有针对性，教师要了解学生在学习 CAD 过程中的薄弱环节，从而有针对性地选择项目。同时，对于不同能力层次的学生，教师应设置不同的项目，从而充分发挥项目教学在学生学习过程中的作用，使学生能够在项目教学中弥补自己的不足、发挥自己的优势。

确定课程的子项目目标和子项目任务，也是项目教学法在机械 CAD 课程中的具体运用。从机械绘图实践中可以看出，一个整体的工程项目往往要由许多不同的子项目构成，因而要想实现整个工程项目的目标，就一定要先对子目标进行确定，并优先完成子项目的任务，如此，学生对于机械绘图项目整个任务的达成就能够比较有把握。在运用项目教学法开展 CAD 课程时，因为工程项目往往是由学生独立进行的，所以在整体掌握工程知识的同时，学生对整个工程项目的构成也会有比较清楚的了解，并能在整体认知的基础上明确子项目的具体分工与任务。例如，在某工程的绘图中，经过研究分析，教师认为为了达到机械绘图的总要求，必须对机器的构造、零件、联动轴等加以具体调整。有这样的认识表明教师已经规划出了子项目，所以在实践中也要对子项目任务加以明确，这样机械绘图项目的任务才更容易完成。

建立单元计划，从而保证单元计划任务的完成，也是项目教学法在机械 CAD 课程中的重要运用。从机械生产的实际情况出发，生产过程不同，对机械生产任务也要有不同的单元分工。而这个特点也反映在了机械绘图中，就是绘图工作要按生产单位展开，从而对每一单元的生产任务都要加以确定。通过项目教学法，学生在教师的指导帮助下，对机械制造工艺中的阶段分工会愈加清楚，单元规划的准确性就会明显提高，而在单元计划上建立的单元任务也会愈加富有效果。因此，在某一机械设备的绘图中，学生可根据机械制造的过程将其区分为零件制作、内部空间制作和零部件拼装三个模块任务。在明确了各模块任务后，各模块任务的完成度也就能够明显提高。由此可见，项目教学法对提高模块任务的质量具有重要作用。

2. 明确师生角色，创造实施平台

在实施项目教学法的过程中，教师要清楚课堂教学流程中自己与学生各自的分工，充分调动学生学习的积极性，以便指导学生更好地把握所学内容。

项目教学法旨在培育学生的自主探究精神，教师只有使学生在学习过程中深刻体会到自主探究的重要性，才能够在教学过程中，使学生充分发扬积极探索的精神，使项目教学法充分发挥其应有的价值。在项目教学法中，学生需要做好以下几个步骤。

（1）在学习之前做好课前准备。如果不对项目教学内容提前做好准备，学生在开展自主探究的过程中就会感到困难，所以做好课前准备非常重要。

（2）在自主探究过程中，学生要团结协作。学生的自主探究需要与同伴共同合作才能完成。在 CAD 教学的上机操作中，一般以 2～3 名学生为一组进行 CAD 上机操作合作项目。在合作过程中，小组成员能互相分享信息和资源，互帮互助，共同促进。

在 CAD 课程中运用项目教学法，可以较好地使其与 CAD 课程的教学特点相结合，以便更有效地实现 CAD 课程的目标，使教学过程更具有针对性，进而提升学生对 CAD 软件的熟悉水平，提升学生的动手实践能力。

三、情境教学法与项目教学法

近年来，CAD 绘图软件已成为国内广泛的绘图应用软件，它改变了过去手工绘图的缺点，实现了计算机自动化绘图目标，同时有效提升了机械设计的精确性和总体效率。目前，不少学校已经将机械 CAD 教学当作重要的教育课题来抓。在机械 CAD 课堂教学过程中，运用情境教学法及项目教学法，以任务驱动开展学习，可以有效提高学生的学习积极性，提高其实践能力和学习能力。下面就情境教学法及项目教学法在机械 CAD 教学中的应用展开探讨研究。

机械 CAD 教学是一种实用性很强的教学活动，但是当前不少学校却不同程度地出现了不重视提高学生实际技能的问题，这显然不利于学生的成长发展。因此，教师实施情境教学法和项目教学法，通过设定教学情境和实施目标教学，逐步提高学生的实际动手技能和运用机械 CAD 处理现实问题的能力，进而培养学生的技能素质，提升学生的技术素养，从而提高机械 CAD 课程的教学质量，实现教育目的。

（一）情境教学法及项目教学法的特点

情境教学法源于语言教育，后来在心理工程教育中得以推广，它主要指在教学过程中，由教师根据实际内容设置模拟现实状态下的情境进行教学。情境教学法强调激发情感，能通过教师创造的与教学有关的实际情境来充分调动学生的学习兴趣，使其完成体验，从而引发学生去思考，提高其对事物的感性认识水平，并最终了解事物本质与相互关联等。在机械 CAD 课程中广泛应用情境教学法，重点是通过创建虚拟情境可以使学生形成比较直观形象的感性认识，从而有效激发学生的学习兴趣，并训练他们的学习创新能力。

一般而言，项目是学生在一个课题或是某个项目平台上完成的探究性内容。项目教学法对教师来说同样存在巨大考验，因此，教师要具有更高的教育水平与素养，才能对学生进行更多的引导与支持。开展项目教学法要做好以下几点：一是教师需要给学生营造良好的项目教学氛围；二是学生要将开展的课题作为自我学习的平台；三是课题内容应做到与专业学科相结合；四是教师要把握好课题内容进展进度；五是教师要及时运用信息技术对课题内容做出合理评估。对学生来说，这些课程也有着诸多优点：一是可以培养他们的社会责任感，培养其学习兴趣；二是相较于传统课堂，它能使学生自主学习意识增强，使其收获更多的知识；三是可以提升学生的整体认知水平与能力，包括逻辑思维、交流协作技能、处理现实问题的能力等。

（二）情境教学法及项目教学法的设计与实施

1. 情境教学法的设计与实施

机械 CAD 教学，需要学生既熟悉机械绘图有关法律法规以及绘图基本知识与方法，也要学会熟练地运用计算机完成辅助绘图等任务。因为情境教学能给 CAD 课程带来有力支撑与助力，所以创设情境教学能够有效地解决学生技术背景欠缺的问题。一是绘图有助于支撑课程理论知识教育。由于理论知识教育的最终目的是实际操作，CAD 软件已成为现代建设工程信息化的关键内容，并获得广泛运用，那么创设虚拟施工情境必然有助于学生更好地掌握现实情况，提高学习积极性，提升理论知识掌握水平。二是绘图有助于支撑项目教学。机械 CAD 课程项目学习一般是由若干项目及子项目共同构成的，但由于这些项目及子项目通常都是单独且开放的项目，若想让学生更加了解和熟悉项目任务以及实现项目目标，教师就需要协助其了解和熟悉项目的具体内容以及与子项目之间的关联关系等。所以，创设虚拟工程项目情境有助于学生更好地了解项目的内涵、特点、目标等，从而帮助学生更好地完成项目。

在具体创设虚拟情境时，教师要按照实际项目案例认真创建。选用的项目案例必须有代表性、先进性和完整性，并能根据所采集到的项目案例进行认真提炼、总结和筛选，从而确定虚拟情境的具体流程。具体提供的虚拟施工场景，应能最大限度地弥补对机械 CAD 学习与应用知识的不足。

情境教学法就是将学生置身于某一特定的情境中，使其能通过感知、理解和深化三个阶段完成学习任务。与常规的教学手段相比，情境教学更能使学生通过感知达到深入理解的效果。实物模型式情境具有简单、直观、易懂的特点，适合在初级机械 CAD 课程教学中应用。具体操作为：教师为学生展示一些真实的物体，让学生利用 CAD 软件绘制出物体的形态。开始时，教师可以选择一些生活中常见的、形态较为简单的物品，并将其慢慢转化为与机械专业相关的实物，从而使其具有更加复杂的形态。在这样的训练过程中，学生的空间思维能力能够得到有效的锻炼，这对于他们学好机械 CAD 这门课程也是极为关键的。例如，在练习绘制机械装配图时，教师可以为学生提供一些产品实物的模型，让他们在认真观察的基础上，从不同视角进行绘制。一些学生在学习 CAD 课程时很难掌握物体的空间几何关系，这是因为其既缺少空间思维能力，对实物的感知也不够。创设实物模型情境则能够弥补以上不足，学生练习的次数多了，其空间观念和绘图能力自然会提升。

情境教学法旨在让教师结合真实案例为学生设计练习任务，以培养他们综合运用知识的能力。

2. 项目教学法的设计与实施

在机械 CAD 教学中，教师要在真实项目基础上提供项目学习内容，而其中的真实项目又包括了机械绘图项目中的内容以及 AutoCAD 实际操作应用中的有关内容。例如，教师可先通过先入为主的方式将设计理念传递给学生，接下来再将该机械物体进行简化拆分，由此可获取机械绘图项目中的点、线、面等所有要素，并在此基础上进一步讲解项目知识内容。这样，项目知识内容会变得更加活泼、形象、生动有趣。另外，教师也可将 AutoCAD 项目里的点、线、面、体的绘图技巧适时纳入项目教学之中，从而让学生在了解绘图、测绘基础知识的同时，培养其实践操作技能和相关专业知识的运用技能。

　　另外，教师也可根据各个具体课题，将课题需要解决的技术内容划分为几个子项目，划分子项目时要注重以下几点：一是项目课题是单独、完整的课题；二是可以强化对某项知识点的教学研究；三是要做到各子项目能够贯穿课程的始终。在对课题研究内容和任务进行设置时，教师要根据具体课题确定相应的知识点范围，课题选择不要太多，以利于课题的顺利推进。由于课题学习的目的是提高和培养学生的整体知识能力，所以课题教学应分期进行，同时对各子项目的管理还需要确立具体的教学内容和任务，这样才能使学生清楚各个子项目之间的联系。在项目的具体实施中，教师要提出详尽的方案，明确项目要求、执行时间等，从而确保机械 CAD 的整个学习任务顺利进行，实现项目学习与课程目标的有机融合。

　　机械 CAD 课程的最终目标是学以致用，所以，教师应该突破传统教学方法，运用现代教育手段和方式培养学生的学习兴趣，培养学生的实际操作能力以及运用机械 CAD 知识处理现实问题的能力。情境教学法与项目教学法在机械 CAD 课程中的运用获得了不错的教学效果，也在很大程度上提高了教学质量。学校应在实际课程中不断探索，切实做好机械 CAD 教育管理工作，以培育更多出色的专业人才。

　　在项目教学法中，教师会通过实际案例帮助学生设计实验目标，并采用项目协作的形式开展。项目教学法的特点是实用性强，可以提高学生对基础知识的综合运用水平，为其提供在学校中实训的机会。实践证明，项目教学法的教学效果是极为明显的。

　　（1）项目选择。项目教学法中，学生是主人，而教师则是指导者。教师只负责在学生遇到困难时给予其有限的帮助，学生需要独立、合作地完成任务，所以课程的确定对于学生能否完成课程目标而言，至关重要。教师要选择一些企业的真实案例作为项目，从而确保自己能在整个项目教学过程中完成理论和实践教学的任务。

　　（2）项目准备。在项目准备中，教师可以把自己看作是方案设计者，根据选定的方案向学生说明需求，让学生说一说自己的设计思路，这既能激发学生的创作灵感，也能为后面的案例教学奠定较好的基础。

　　（3）项目设计。在项目设计阶段，教师可以让学生以小组合作的方式完成任务，小组成员需要共同进行项目分析。在这个环节，各小组需要向教师汇报其需要完成的任务以及完成任务需要花费的时间。

　　（4）项目实施。当有了项目设计的目标后，小组内学生的分工更加明确，他们需要各自承担并完成不同的项目图纸设计任务，并在规定的时间内上将图纸交给教师。这就要求学生综合利用所学专业知识积极查找文献资料，培养学生独立学习及解决问题的能力。当然，也会有部分小组或学生遇到难题，甚至出现停滞不前的情况，这时教师要适时给予他们帮助，并将问题记录下来，作为最后讨论的内容。

（5）项目评价。在评价环节，各组应纷纷提交成绩，教师可以聘请相关企业中资历深厚、学术能力扎实的专家学者对各组成果进行评价，提出问题，让学生修改。对于在任务流程过程中出现的问题，此时也可集中进行讨论，这些问题往往就是教学中的难点。在专家学者的指导下，学生能更加清楚地知道问题所在。在这样的综合实践活动中，学生得到的收获是巨大的，经过几次这样的训练之后，其绘图水平会得到明显的提高。

从一定程度来说，项目教学法是情境教学法的一种体现，而情境教学则可以渗透到项目教学法中，二者有着共同的特点，都是能够使教学效率提高的有效方法。目前，机械 CAD 课程教学的最大缺陷就是理论与实践的衔接不足，学生学了大量的理论却不懂得如何应用，这不利于其将来的发展。为了满足学生的需求，也为了适应企业的要求，教师可以将情境教学法、项目教学法应用于机械 CAD 课程教学中，并不断将其进行优化，以追求更大的教学实效。

第二节　机械 CAD 绘图课程的创新与探索

一、机械绘图与 CAD 绘图应用相结合的研究

在现代工程与先进的技术制造过程中，设计图样不可或缺，因为这是传达技术目标、沟通设计理念以及引导现场制造过程的关键手段。一幅合格的设计图样是机械绘图和 CAD 绘图技术共同的"结晶"，所以在教学过程中要把机械绘图和 CAD 绘图融会贯通。目前，在学校培养方案设计中，机械绘图和 CAD 绘图虽为工科专业的主要技能知识课程，但很多学校在课程体系设计中却始终把机械绘图和 CAD

绘图设置成单独的课程，这导致许多相关知识点连接不紧，从而造成知识点的讲解困难和教育资源的浪费，降低了教学质量。因此，针对这两门课程单独开展所存在的问题及其教学的性质特点和课程设计中存在的问题，笔者认为，可将二者整合成一门课程进行综合教育，并研究其整合为一体的教育意义和具体实施办法，为提升课堂效率和质量打下良好基础。

（一）机械绘图与 CAD 绘图课程融合的性质

机械绘图课程是一门探讨绘制机械图样的基本理论和方法的专业技术基础课，是一门研究用正投影原理，将平面几何图形及空间形体利用图示和图解的理论与方法展示图形构造特征的课程。其教学目标是要求学生掌握绘图方法并能够熟练应用，以提高学生的绘图能力和空间思维能力。在该项目的实践应用中，许多学生无法将课堂中的空间形态完整地反映到脑海中，无法跟随教师课堂的授课步伐。教师如果花大部分课堂时间去指导学生建立空间形态，就会造成课堂教学进度慢；若用立体造型直观表现出来，虽然简单，但无法使学生对空间形态的认识得到良好的培养和开发，也无法提高其空间思维能力，从而无法实现教育目的。CAD 绘图软件能够迅速地创建立体几何模型，并能够制作二维施工图，可提高学生对机械绘图知识的掌握。其教学目标建立在满足机械绘图国家标准的基础上，紧跟 CAD 绘图软件更新换代的步伐，能够培养学生识图、绘制设计技巧以及软件应用的熟练程度。剖析这两门课程的教育目标与内容不难看出，这两门课程之间存在着一定的共同点，教师在课堂教学过程中必须密切衔接这两门课程，以减少重复教学，节省时间和教学资源，从而提升教学质量。在实践教育课程中，大部分学生对 CAD 绘图的了解远远高于机械绘图，主要原因是学生对 CAD 绘制有兴趣。因此，教师把 CAD 绘图课程以有机、碎片、灵活的方式融入机械绘图教学中，可大大提高学生的思维能力。同时，在此基础上，教师可以把中国传统观念和现代教学方法有机融合，由概念到实际，循序渐进，逐渐建立起这两门课程内容碎片化插入、知识点密切相连以及理论知识和实操相互整合的新课程结构，并能充分利用教学课时实现教、学、做的紧密结合，从而进一步提升教学效果。

（二）机械绘图课程设置现状

1. 课程内容与教学模式不能有机结合

机械绘图课程的内容具有抽象性、实践性较强的性质，因而其要求学生必须具备一定的抽象思维能力、逻辑思维与实际动手技能。该科目教学内容主要包括机械绘图国家标准，正投影技术和三视的语言表达，点、线、面的基本投影原理和空间相对位移方法，轴测图，机件的语言表达，标准件与常见件，零件图和组装图，等等。其知识点较多且复杂难懂，学生若想学懂并灵活运用，就必须具备相应的空间思考能力和实际动手技能。在实际教学过程中，受到既定模式的课程章节设置、不合理的教学进度设置、灌输式的课堂教学方式等因素的影响，部分学生的主动学习意识相对淡薄，且其长期以被动式方法进行学习，既影响了其空间思维的开阔，也影响了其主体能力的发挥。同时，学生对自身的成长经历、事业定位和成才塑造都处于模糊阶段，因而容易对该课程没有太大的学习兴趣，造成学生无法顺利完成课堂教学任务。

2. 学时不足，学习难度较大

近年来，由于各学校对学生培养计划和课程目标的改变，各专业设计课程的总学时也在逐渐减少。这样的课程设计，仅仅保证了学生对机械机件的常用表达方式与标准品等基本知识的掌握。尽管部分学校为机械类专业学生设置了部分测绘实验项目，但他们也无法很好地运用理论知识把空间形态抽象地表达出来并绘制到图样中，在实践活动的绘图与分析过程中也没有找到很好的解题思路，常常感到无从下手，这导致其在后期相关内容的学习、课程设计和毕业设计中存在专业图形识图和分析技术水平低、专业知识欠缺的问题。

3. 传统教学方法存在弊端

在传统的教学方式中，教师在讲课时需要耗费大量时间绘制几何和工程图样，其间，学生往往处于非思考的等待状态，这使得课堂教学时间的有效利用率不高，教学进程也较为迟缓。同时，教师手工绘制技术水平的高低也在一定程度上影响了课堂效果的好坏。现代教学方法多为多媒体辅助教学，降低了教师课堂的绘图成本，但新设置课程的学时数也相应减少，这就要求教学效率相应提高。学生在课堂上如果能够跟随教师讲解进行思考，就能基本了解问题内涵和图形绘制。但是，因为部分学生的视野不够开阔，学生在自主观察、分析与绘图后脑海中无法建立合理的绘图方式，绘图方法不明朗，这导致部分学生容易进入没有内驱动力的认知阶段。与此同时，选用或自制的教材有时与教学内容无关，这直接影响了教师和学生之间的互动效果。所以，教材的选择必须符合教师本身的讲课特点和所讲授课程的特征，这样才能提升教学总体效果与品质。此外，能够体现学生学习效果的最直观方式便是考试，主要考核学生对部分复杂零件的零件图及装置构件的机械结构装配图的绘制。这种以纸面表现的考试形式相对简单，仅仅体现了学生掌握基础知识的能力，而没有很好地体现其空间思考能力和形态结构能力，学生的动手能力和实际应用能力更是无法体现。

4. 机械绘图课程与 CAD 绘图课程未能紧密结合

目前，很多学校在构建专业课程体系时，往往把机械绘图与 CAD 绘图设立为两门独立的课程，通常让教师按照首先教授机械绘图课程，再教授 CAD 绘图课程的顺序进行教学。但在部分学校，由于这两门课程不是由同一名教师教授的，所以这种课程设置的主要缺点就是两门课程之间相关联的知识点并没有紧密衔接与融合，容易造成课程教学脱节，无法发挥其相互促进的作用。为增强两门误程的教学效果，部分学校在教学模式上有所改进，如通过在机械绘图课程教学中穿插几章 CAD 绘图学习内容加强绘图训练，在 CAD 绘图课程教学前穿插部分机械绘图学习内容丰富绘制理论，但这些穿插式、添加式的方法并不能有效融合两门课程的全部内容，部分学生对两门课程的掌握并不深刻，学习效果也不理想，致使课程目标无法有效实现。

机械绘图是专门针对工科类相关专业设置的学科基本必修课程，其教育目标是培养学生的想象力及其相应的抽象式逻辑思维技能，使其掌握绘图、读样图的技能及设计能力。在以往的教育历程中，机械绘图课程往往过分强调学生动手绘图能力的培养，授课教师偏重于引导学生利用直尺、三角板、圆规工具实现样图的绘制。在这样的教学方法下，教师压力大，教学方法单调，课堂教学内容与日后的实际应用脱节，这就导致学生学习效果不佳，学生普遍反映该科目学习难度大。而 CAD 绘图课程，则能让学生应用机械绘图课程中掌握的知识、利用计算机进行辅助设计与绘制，因而其有些内容难免与机械绘图课程有重叠。可见，机械绘图和 CAD 绘图这两门相辅相成的课程被割裂了，容易造成部分知识点重叠，也加大了学生的学习压力，同时也大大降低了教师的课堂授课质量，影响了教学效果。

在教学上，传统机械类专业的课堂教学由于过度强调对知识的介绍，课堂上主要以教师讲授为主，而学生则处于被动的状态，其主观能动性和创造力并没有得到发挥。这种教学方法虽然加快了教学进度，也便于教师把课本中的知识点传授给学生，但其教学弊端也非常突出，主要表现为学生的学习兴趣并没有提高，教师无法及时了解学生的接受程度，实际的教学效果无法得到有效保证。

对刚接触机械绘图学习的学生来说，新课程内容需要具有更加强烈的趣味性。相较于传统的比较枯燥的教学模式，学生更愿意教师直接将新内容以 PPT 的方式展示，并且能为他们提供大量的、形式丰富的内容。要想实现这些，教师就要利用 CAD 课程来训练、锻炼学生的空间逻辑思维和平面形状及空间形态变换能力。

学生绘图能力太差，会在一定程度上限制学生分析能力和解题能力的提高。学生的就业需求也对机械绘图提出了迫切的改革要求。目前，企业在工作中大量应用 CAD 绘图，基本上抛弃了传统的手工绘图。另外，用人单位对毕业生的要求也在不断提高，不仅要求毕业生能够读懂图纸，而且要求毕业生有一定的计算机制图能力。从实践来看，在相关专业中熟练掌握 CAD 绘图的学生，其机械设计及绘图水平更高，就业选择面更广，日后的工作能力也更强。综上，这些都在客观上要求机械绘图课程要进行深层次的教学改革。

(三) 机械绘图与 CAD 绘图融合一体化教学的意义

在以往的机械绘图课程中，很多课程没有实际的绘图动作展示和空间形态表现内容，这对培养学生的空间思维理解能力和绘图精细化能力造成了很大影响。现代机械绘图教学模式已经引入多媒体，教学视频能够非常清晰地呈现绘图动态信息并且呈现形态构造模式，但是采用什么技术、如何描述这种形态构造模式，并没有被完全揭示，所以探讨更有效的机械绘图教学模式及其实际运用问题是十分必要的。CAD 绘图软件的问世及其广泛应用，促进了将 CAD 绘图和机械绘图两门课程密切结合的发展模式的形成。二者紧密结合的优点，在一定程度上可以较好地培养学生独立学习的兴趣与主动性。传统机械绘图相对 CAD 绘图来说比较乏味，且理论性内容相对复杂，对学生的空间逻辑性要求较高，使学生很难掌握或学懂相关知识。而且，传统绘制工具操作起来较为枯燥，修改难度较大，绘制准确性不高，这使得学生的学习主动性不高并且容易产生焦虑心态。而以计算机作为辅助的教学工具，其相关软件开发得比较成熟，其中的 CAD 绘图技术在机械绘图教学中也获得了广泛应用，大大简化了复杂的手工机械绘图，提升了绘制精度，而且其修改方便，能够比较清晰、直接地表现三维模型，促进了学生对机械绘图课程的深入掌握和了解，调动了学生的学习积极性，增强了其识图和绘图能力。CAD 绘图与机械绘图两门课程融为一体的教学能够相互促进，相互弥补短板，也能提升两门课程的教学效果。机械绘图课程强调绘图是单纯地从一个点发展到直线再到平面，然后发展到三维空间形态。由于学生受传统教学方法的限制，其空间想象与接受能力相对欠缺，久而久之，也就缺少了对这门课程的学习乐趣，从而影响了其学习效果与品质。CAD 绘图课程则是把传统的教学方法向逆向推进，转变为由三维空间形态发展到平面、直线、点等更直接、更具象的教学方法，让一些静态、轴向的内容能够被形象化地展示，使学生能够更直接地感受动态绘图的每个环节，从而清晰地认识事物的结构特征。这对激发学生自主学习的兴趣，发挥其在课程中的主体作用有着非常大的作用。而且，将 CAD 绘图课程与传统科目重复的知识点进行有机融合，能使理论知识和实操密切衔接，使学生可以更加全面、专业地掌握机械绘图技能，同时对开阔其视野，快速提高其识图绘图水平、增强创造力有着非常重要的作用，对满足新时期课程体制改革的现实需要，实现培育创新技术型人才的教育理想意义重大。

（四）机械绘图与 CAD 绘图融合一体化教学的策略

1. 融合设置课程内容

利用模块化嵌入的形式，将机械绘图和 CAD 绘图两门课程的知识点进行有效穿插与融合，使各部分的理论知识和绘制操作知识密切相连，从而构成完整的教学内容，即机械绘图理论和实操。两门课程的整合突破了时间限制，表现为以知识点的碎片化并结合理论知识和实操点对点的方式，以绘图基础知识为先，紧扣相应的 CAD 绘制操作技能知识点，组成了全面完整的机械绘图教学内容。当各知识点被完全整合后，就可以将其顺利地渗透到整个机械绘图教学内容中，学生在基本完成了零部件图和安装图的学习后，就能进行完全整合。因为绘图实操教学内容更为系统，教师可以在零部件图和安装图教学内容中穿插综合绘图教学内容，以提高学生对绘图概念和方法的综合认识，提高其绘图水平。两门课程可以被灵活地有机结合起来，在相互促进中实现理论和实践的统一。

2. 优化课程教学内容

按照要求，学校可对传统绘图课程内容做出合理调整，减少手工绘制和理论知识内容的教学，扩大 CAD 绘制内容课程范围。同时，把 CAD 绘图教学和传统绘图教学进行交叉融合，并制定全新的课程方案。对于很多知识点，学生都必须强行记忆才能绘制出规范的手绘图形，而使用 CAD 绘图则方便很多。例如，大尺寸箭头的绘制，长宽比一般为 4∶1 或 6∶1，而手工绘制时必须先定位测量后再绘制，且在绘制多尺寸时箭头大小的统一性较差；而使用 CAD 绘制时只需设定好相关比例，再点击尺寸标注的相关命令就能自行标注，尤其针对多尺寸标注时更能表现出其优势。圆弧连接找圆心时，如果使用 CAD 绘图或启用对象捕捉和对象追踪等设置，就可以直观找到圆心，无需使用几何法找圆心。立体的表面交线环节涉及截交线和相贯线等相关基础理论知识，但截交线和相贯线的实践适用性相对较少，并且由于这两项知识所占学时比例较高，学生很难掌握，这就使其对该方面理论知识的学习存在抵触心理。一般来说，在设计绘图时对于相贯线只能选择简要画法，所以在具体授课过程中，教师可适当减少对截交线和相贯线等基础理论知识的介绍。在 CAD 绘图操作的基础课程中，教师可以运用三点绘制或圆弧技术对相贯线的简单绘图加以补充，或者通过减少讲授理论知识时间的方式让学生进行实操练习。在练习与绘制轴测图时，教师也应该把 CAD 绘图中的三维建模功能运用到轴测图绘制中，并利用伸展、翻转、抽壳等指令描绘展示的形体模型，从而使学生对轴测图知识易于理解与绘制。总之，教师可以根据 CAD 绘图与机械绘图两门课程在日常教学中的实施情况，整合其重叠的教学内容，使各部分知识点紧密融合，合理优化教学内容、整合教学资源。

3. 完善课程教学步骤

CAD 绘图与机械绘图教学的有机融合需要在合适的时机开展，教师要做到章对章、节对节，以及点对点的紧密衔接。在学习绘图基础章节的过程中，教师可根据 CAD 绘图中的线形设计原则和对形状标注命令中的相关知识，加深学生对各线形表达的理解和记忆，这些知识点之间可以相互促进，取长补短。在掌握了点、线、平面的投影的有关知识点之后，学生能够通过 CAD 绘图中的点、直线的平面图绘制方式提高对投影有关知识点的掌握程度，也能掌握 CAD 绘图的基础命令，从而提升其对绘图练习的积极性。在掌握了组合体设计基础知识中的 CAD 平面绘图技术和三维立体造型后，学生不但可以巩固机械绘图投影的有关理论知识，而且能够更直观清晰地把立体形象表现出来，这样能够提高学生对分组系统结构的空间思考能力，从而使其比较深入地掌握分组系统设计基础教学中的形体分析法和线面分析法。掌握了机件视图显示的基本知识后，学生就能够在CAD绘图软件中运用所学知识，利用所学的绘图功能命令描绘各构件的主视图、剖视图及其局部图形等，从而更深入地了解各视图显示的表达方法和含义。当学生掌握了零件图和装配图知识后，教师也就基本讲完了CAD绘图知识。此时，教师可以直接通过CAD绘图程序对零件图和装配图进行立体建模和施工图制作，这能够让学生在绘图过程中真正体验到CAD绘图的便捷性。综上所述，在教学课程安排上，建议将这两门课程合二为一。在日常教育过程中，教师应选择恰当的时机把CAD绘图与机械绘图课程进行有机融合，以加强理论知识和实操的密切衔接，充分展示两门课程相辅相成的特点，提升学生的学习兴趣与学习主动性。

4. 创新课程教学方法

为提高学生学习的主动性，学校在教学模式上必须做进一步优化探索。在教学课程上，教师可以融入现代多媒体与学生机联网的同步技术进行绘图基础知识教学与CAD绘图操作知识教学。在学生机和教师机完全同步的情况下，通过CAD绘图技术可进行平面图形的旋转、拉伸，对三维立体图形进行模拟渲染，同时可通过多媒体教学系统完成相关条件设定、辅助补充说明等。在讲完相关知识点后，学生需要自己进行绘图操作练习，再将其转移至独立的操作环境，也就是说，学生需自主掌握相关命令并制作机械图形。其间，教师还需要针对学生在绘图过程中遇到的问题为其提供帮助，以促进教学互动。通过将教师讲授与学生自己动手绘图相结合的方式，学生能够更加轻松地绘制机械图形和直观地展示立体图形，也能完成对各部分知识的理解与掌握，这有利于提升学生的学习兴趣和空间思维能力。

机械绘图与CAD绘图课程，从教学内容的层次性、课程模型与教学方式的融合度等方面实现了多角度紧密结合。学校通过探索创新、高效的教学方法，建立了将课堂教学和实际练习有机结合的课程结构，高效地完成了知识形态和空间立体造型的紧密融合。将二者合为一体，不但减少了教师的工作量，同时也提高了课堂效率，调动了学生的思维创造力与学生学习的积极性。目前，尽管这两门课程的教学工作还处在初期阶段，尚有不少亟待进行调整的地方，但只要教师在实际教学中不断总结教学经验，改进不足，通过锲而不舍的努力来探索和实施，将能够进一步提升机械绘图基础和实操课程的总体教学水平，进一步提高课堂效果，培养更优秀的技术人才。

二、基于 CAD 能力培养的机械绘图教学创新改革与探索

(一) 机械绘图与 CAD 绘图教学改革的具体措施

1. 课程设置改革

机械绘图是 CAD 绘图的基础，而 CAD 绘图又无法离开机械绘图的基础知识而独立进行，因此，学生需要在充分了解机械绘图的基础概念、投影原理、表达方法以及国家标准要求的基础上，才能运用 CAD 软件绘制出合格的机械工程图样。运用好 CAD 软件，有助于提升学生机械绘图的质量；借助计算机，可以使图样的绘制更加准确、快捷与直观。例如，绘制圆、曲线和多边形等规则图样时，学生只要通过 CAD 软件直接绘制即可，可以节约很多时间；而且，其中的多种功能——正交、极轴和追踪等功能，可以为学生绘图提供很多便利，这就大大降低了绘图成本。机械绘图和 CAD 绘图相结合是工程绘图信息化的重要标志。CAD 软件不仅是绘图的重要工具和手段，而且是设计、计算新思维的体现。机械绘图与 CAD 绘图的紧密结合对提高工作效率、缩短设计周期起到了巨大的作用。

机械绘图与 CAD 绘图作为两门独立的课程，其在学习内容和学习方法上具有一定的差异。将两门课程有效地融合起来，使它们在内容上实现和谐统一，不仅能够避免重复问题的出现，而且可以丰富教学方法，使学生在较为直观地学习机械绘图相关知识的过程中潜移默化地掌握 CAD 软件的使用方法。

机械绘图与 CAD 绘图相辅相成，两门课程协同合作才能发挥各自优势。将两门课程整合，学校需要对原有内容、教学大纲、教学计划及教学方案进行合理的调整与优化，并按照内容将教学模块列出。教师可以根据实际需求、学时多寡及分类，合理统筹安排课程的授课内容。

在课程设置上，机械绘图应该是"主线"，应该是课程的"总纲"。教师可通过灵活多样的教学方法，运用 CAD 软件把课程中复杂的图像绘制分解为动画，并利用多媒体进行展示，这样能够提高学生对图像的认识，训练学生的实际看图、绘图技能。同时，融入机械绘图标准、国家相关标准、互换性设计和测试技术，以及有关 CAD 绘图的教学内容，突出教学的综合性与实用性，以此培养学生的学习积极性，从而培育真正的技术人才。在整个教学过程中，CAD 绘图教学内容将贯穿始

终，与机械绘图的教学内容相互结合，教师则通过穿插适量的手工绘图培养学生扎实的绘图基本功。必须明确的是，教师要兼顾手工绘图和 CAD 绘图教学，二者的作业量比例要合理，也要用相应的评价方式将其与课程考核挂钩，从而实现教与学的和谐统一。

具体的课程，可进行如下安排：共安排 24 学时的上机训练；为提高练习效果，每次上机练习为四学时，共六次课。机房的前三次课主要以教师教学和学生演示作业为主，学生学习操作为辅。在学生的基本操作熟练后，后三次课应以学生练习为主，教师讲授为辅。教师在完成绘图基础中的尺规绘图教学后，要再进行下一次起重钩的图纸尺规绘制，使学生了解传统绘图技术。随后，教师要进行第一次 CAD 基础绘图应用的教学，介绍平面图形的画法，从而使学生了解 CAD 软件的运行环境、界面组成、绘图环境设置、文件输入输出、命令执行特点，让学生掌握直线、圆、矩形、样条曲线等基本的绘图命令操作、图层的设置与修改，同时还要给学生介绍删除、复制、镜像、偏移等编辑命令操作。另外，教师应要求学生严格遵守实验室的纪律规定，养成良好的行为习惯和保护公用物品的良好品质。在讲授点、线、面内容后，教师应安排学生进行第二次上机操作，并要求学生尽快掌握 CAD 基本绘图命令，让学生感受手工绘图与计算机制图的不同之处。在讲解了三视图绘制原理之后，教师应安排学生进行第三次上机操作，以指导学生进行三视图的绘制，并使其掌握尺寸标注的方法，以及尺寸标注样式的设计、管理和编辑。在讲授轴测图与剖视图的内容后，教师应组织学生进行第四次上机操作，要求学生掌握轴测图与剖视图的计算机绘制、图块的相关操作和图块属性的编辑。在讲授螺纹紧固件、齿轮等标准件与零件图的理论内容后，教师应安排学生进行第五次上机操作，要求学生掌握零件图的绘制步骤和方法。在讲授完装配图的绘制后，教师应安排学生进行第六次上机操作，要求学生掌握装配图的绘制步骤和方法，以及装配图的明细栏和零件指引线等的绘制步骤和方法，加强实体的创建和编辑、打印布局的创建及页面设置训练。实践证明，通过教师的上机引导和学生自身的练习，学生基本可以熟练掌握计算机制图的基本操作。

将机械绘图和 CAD 绘图两门课程整合后，教学内容会更加紧凑，课程课时也会缩短，只有将 CAD 绘图教学贯穿于机械绘图课程之中，学生才能更好地掌握机械绘图中三维立体与二维图形间的投影原理，从而进一步提高学生的学习兴趣。教师应通过营造活泼的教学氛围，让学生在愉快的气氛中学习，从而充分调动他们的学习积极性，促进学生养成良好的学习习惯，提升其整体素质，达成机械绘图和CAD 绘图课程的教育目标。同时，大量教学案例的展示也有助于丰富课程内容，推进教学进程。另外，CAD 绘图教学既增加了学生的学习乐趣、训练了他们的空间想象能力，也提升了教师的直观教学能力。

2. 授课方式改革

将两门课程经过整合后，能够促进更为形象的、直观的和三维的教学方式的形成。多媒体以其图文并茂的画面、真实形象的动画、可视化的动作模拟等方式大大增加了课堂的乐趣，能使那些难懂而抽象枯燥的知识点变得生动、活泼、风趣和具体。教师在课堂教学活动中加入 CAD 绘图教学能够增进自己和学生之间的交流，更能有力地促进学生的自主学习，从而提高他们的探究能力和自学能力。教师通过将 CAD 教学与多媒体相结合，能够将机械绘图和 CAD 绘图两门课程融合后的课程知识点和重难点知识以及相应功能灵活多样地穿插讲授，这让课堂内容变得更加生动活泼，也能帮助学生进一步巩固重难点知识。CAD 软件还能够把形状比较复杂的、不易直接认识的图案三维化，也能够使学生在更全面地掌握有关知识点的同时提升其空间思维能力，让教师在提高教学效率的同时减轻教学难度。

将机械绘图与 CAD 绘图课程整合后，教师在教学过程中应当以手工绘图为基础，以计算机制图为主，在适应时代发展的前提下，还要保证对学生手工绘图的传授，从而提高学生设计和绘图的综合能力。

同时，教师也可以在课堂的讲授中增加课程思政元素，如"螺丝钉精神"，并要求学生用甘当螺丝钉的实干精神对待学业和本职工作，使其能在平凡的岗位上为国家和人民创造不凡的业绩。教师要引导学生有"干一行、钻一行、爱一行"的敬业态度，有勤奋学习和扎实工作的"钉钉子精神"，增强其服务社会的责任感，培养其勤俭节约与艰苦奋斗的优良作风。

3. 考试形式改革

学校应打破传统的以试卷为主的考核形式，采用计算机上机考试的方式，这就要求学生既要熟悉计算机制图，又要掌握绘图理论。为了提高考试效率、防止舞弊行为，目前不少学校在考试时采用计算机考试系统。该系统内部含有多套试卷，学生随机抽取试卷进行考试，一台计算机只能提交一份试卷，这样可有效防止学生使用 U 盘进行复制，同时计算机能够自动批阅试卷，提高了阅卷的准确性。

（二）教学改革尝试的成果

第一，机械绘图与 CAD 绘图课程是两门重要的课程，其教学改革的程度影响了其课程品质的高低，也对人力资源的培育有着很大的影响，因而具有一定的研究价值。将机械绘图与 CAD 绘图这两门学科有机结合，能够使课程内容更加合理、紧凑，减少不必要的教学学时，也能够更好地实现在开设机械绘图课的同时进行计算机制图实践。

一体化课程能将抽象的理论过渡到具体的实际中，缩小知识从概念到现实的差距，提升学生的空间思维能力。这一教学改革以增强学生职业能力、满足社会和企业对人才的需求为目的，旨在优化理论教学内容，突出对学生计算机制图能力的培养。这一教学改革，不但能够使学生直接形象地了解机械绘图的基础知识，熟悉计算机制图软件，提高空间想象水平，进而充分激发其学习欲望，而且还能够有效降低教学的重复性，丰富教学方式与手段，大大提高课堂效果。

第二，按照对绘图课程的要求，教师可采用分层、分类的教学方式为专业培养目标服务。教师可按照各专业课学时多少、学科需要等，分大类合理统筹绘图教学授课任务；删减与教学工作的实际情况联系不多的理论课程；将部分知识点变成学生的课后作业，让学生自主完成，从而促进理论教学向开放教学的过渡。教师可采用多媒体等多种教学手段，让学生自己动手绘图。机械绘图知识与 CAD 绘图技术的有机结合，能够使学生在了解机械绘图理论知识和掌握专业知识的同时养成运用工具软件解决实际问题的好习惯，对培养学生的自学能力、空间思考技巧和创造力具有良好的促进作用，对培育实用型人才有着很重要的作用。

机械绘图和 CAD 绘图的课程建设与教学改革，是一个需要长期坚持和不断完善的重大工程，对培养学生的综合思维能力能够产生很大影响。唯有在课堂教学中不断做出积极的尝试、创造性的探究，灵活多样地运用先进教育技术手段和教学方式，并重视对学生实际创新能力的训练，建立健全和完善考核制度，才能使教育教学质量获得有效保证。

（三）提高 CAD 绘图教学的有效性

1. 提高课前准备阶段的有效性

上课前的准备过程是进行课堂教学的重要步骤，准备的充分与否直接关系着教学质量的好坏。因此，教师在课前准备中要全面进行教学分析，制订正确的课堂教学计划，充分查阅材料信息，为良好的课堂教学打下基础。

（1）多方面搜集资料，整合授课内容。在进行 CAD 绘图教学前，教师需要积极地收集相关资源，利用教育资源，让教学内容变得丰富完整。因此，在进行案例学习时，教师需要准备内容丰富的案例，在课堂上进行演示说明，使学生对所学知识有更直观的了解。另外，教师还可以为学生建立模拟平台，强化对学生的训练，增强学生的动手意识，培育其创造力。

（2）依照学生实际，确定合理的教学目标并制定合理的教学方案。教师应在课前准备阶段帮助学生分析其知识框架和感知能力，并根据他们的实际情况确立合理的教学目标。认真备课是教师上好一节课的前提条件，同时也是提升学生学习品质的关键。除根据学校的实际教学情况进行设计外，教师还需要根据当前教育信息化的发展趋势及其对 CAD 绘图教学所提出的新需求，并根据教材大纲内容以及课程的特色选用适当的教学策略。课件的设计也是教师认真备课的重要环节，能使教师在教学时有具体的目的与计划，同时也能够合理分配教学时间。

2. 提高课堂实施阶段的有效性

授课的过程是教师教学的直接过程，也是学生学习知识的主要过程。在授课过程中，教师应充分调动学生的学习积极性，活跃课堂教学气氛。如此，才能大大提高学生课堂学习的效率和质量，从而提高其学习能力，为其今后参与相关工作打下扎实的知识基础。

（1）在课堂导入环节吸引学生眼球。教学导入阶段是教学的开始阶段，教师需要充分抓住学生的关注点。在 CAD 绘图教学的导入阶段，教师可以选择各种引导方法，如联想导入法。采用联想导入法时，教师应在课堂上给出一个和这节课相关的知识点，引导学生进行思考和联系，激发他们的好奇心，调动其想象力和创造性。例如，教授相贯线部分相关内容时，教师就可以引导学生想象两个曲面体的相交面应该是怎样的。除了联想导入法外，还有讨论导入法、案例导入法、归纳导入法等，教师可针对不同的知识点加以选取与设置。

（2）运用多媒体教学，提升教学的生动性和直观性。随着计算机技术的不断发展，教师可以充分运用多媒体进行 CAD 绘图教学，如利用投影机对教学知识点进行解说与展示等，这能够使学生感受到知识点的简单明了，从而更容易掌握所学知识。教师要通过各种方法培养学生的学习兴趣和学习积极性，使学生更好地了解和掌握专业知识。

（3）加强学生的课堂练习，对其进行有针对性的辅导。学生是整个课程的主体，而 CAD 绘图教学是一门实用性非常强的课程。因此，教师在课堂中要指导学生及时完成练习，帮助学生尽快掌握和巩固基本理论知识，从而提高其实践水平。教师在与学生进行交流的过程中要迅速发现问题，并对一些领悟较慢、运用不熟练的学生进行单独指导，这样既可以节约时间，也可以使学生更高效地掌握基本知识。

3. 提高课后反馈阶段的有效性

（1）及时与学生交流，寻找课堂的不足点。在每节课的知识点讲解完毕后，教师要适时与学生进行沟通，征询学生的想法和意见，优化课堂教学。

（2）制定合理的课堂评估体系。教师要针对 CAD 绘图教学的特色建立科学合理的教学评估系统，让学生适时做出评估与反馈。教学评估是对课程的总结与反思，既有助于教师更好地发现问题、解决问题，也有利于提高学生的学习水平，从而促使学生和教师实现共同进步与提高。

CAD 绘图教学的技术性和专业性都很强，对学生而言学习起来并不容易，所以教师应选择恰当的教学途径和方式，以培养学生的学习兴趣，提升教学质量和水平。

第三节　机械 CAD 教学及其绘图教法优化

一、构建机械 CAD 教学新秩序

21 世纪的教育任务在于培养创新型人才。只有将学生作为教育的主体，才能有效激发学生对学习的热爱。因此，教师应将"生本教育"理念植入机械 CAD 课程中，提高学生的空间思维能力，提高其学习 CAD 课程的兴趣。

（一）将激发学生兴趣作为"生本教育"的动力

成功的教育必须能有效调动学生对学习的兴趣。

兴趣是学习的动力之一，也是"生本教育"的主要途径。教师通过激发学生的学习兴趣，能使学生拥有自由选择学习的权利和可能。允许和引导学生自由操作、自由探究，让学生在开放以及自主的氛围中主动学习与内化知识，使其成为学习的主人公，这就是全面实现"生本教育"的目的。因此，教师在教学中需要有效激发学生的学习兴趣，充分调动学生的内在学习欲望。

在刚开始进行机械 CAD 课程时，教师可以先不讲 CAD 安装、操作、命令、位置、数字的正确使用等基础知识，而是在多媒体中展示一些实例，如一系列的画圆、更改、删除、画线等基本动作，在演示中结合学生的手绘操作，对比其与 CAD 绘图操作的差异，展示 CAD 超强的文字编辑能力以及绘图能力，使学生对 CAD 课程产生浓厚兴趣。

（二）将开放式教学作为"生本教育"的途径

1. 开展分组教学，培养学生的合作意识

通过多次上机训练，教师要有意识地将领悟力较强的学生和领悟力较差的学生交叉搭配分组，一般 5～6 人一组，小组成员相互学习，形成相互合作的氛围。同时，在进行拼图装配的过程中，小组成员应各自承担零件图绘制任务，一起运用零件图资源完成装配图的绘制。在此过程中，学生独立完成任务的能力，以及解决问题的能力将得到很大提高。

2. 采用以课题训练为导向的教学法

有时，教师运用单一的授课方式很难使学生做到全神贯注，所以在授课过程中，教师要善于运用课堂训练的方法。机械 CAD 教学的目的不单在于使学生掌握绘图的命令、知识，最重要的是使学生在学习了相关知识后，能够独立运用软件、熟练绘制产品的工程图。所以，在教学中，很多教师将制作三视图作为课堂训练的内容，从完成最简单的三视图开始，逐步向复杂的三视图过渡，从绘制简单的三视图，到绘制复杂的立体图以及二维工程图，最后进行装配图的绘制，完成理论知识学习向实践应用的转化。

3. 采用"问题、探索"的教学模式

在机械 CAD 绘图教学过程中，教师应大胆尝试"问题、探索"的教学模式，在以课题训练为导向的教学方法的指导下，布置训练题目，明确上机练习目标，而上机绘图方法、绘图流程等，则由学生独立思考。在平时的训练课和自习课中，教师应采取因材施教的方法，题目的难度要分梯度；同时，让学生练习讲解 CAD 绘图的思路、方法以及流程。这种方法有利于学生创造性思维的培养。

4. 运用质疑求异的方法

对于学习方法的运用，教师要改变单一的思维定式。笔者在长时间的教学实践过程中，运用质疑求异的方法帮助学生解决了很多问题，提升了其空间想象力，培养了其发散性思维。

笔者在 CAD 教学中常鼓励学生对教科书、参考书和教师的某些画法质疑。不管问题的难易，笔者都会给提出疑问的学生支持和鼓励。笔者对学生提出的问题通常不是直接作答，而是根据问题和学生的基本知识结构，采用启发式的方法，让学生学会分析问题、解决问题。这样的方式可以有效激发学生的思考热情，加深其对知识的理解，有效提升其创新能力。

在知识经济时代，教师应注重对学生学习能力的培养，通过"生本教育"提升学生的学习能力。只有这样，才能把学生培养成具有创新思维、德智体美劳五育并举的人才。

二、机械 CAD 绘图教法优化

进行绘图教学是机械专业学生综合能力提升的重要途径。在绘图教学方法上，教师借助 CAD 绘图教法，能够实现绘图教学的创新优化，从而提升学生的绘图能力。CAD 绘图教法的有效运用为学生提供了良好的课堂教学情境，并有效提升了教师的教学效果。同时，CAD 绘图教法的应用能够丰富课堂的教学资源，一体化的教学模式也能够扩大优质教育的覆盖面。

（一） 机械 CAD 绘图教法的应用价值

1. 改变绘图教学模式的单一性

信息化背景下的机械 CAD 绘图教法可以与学生自主学习能力提高的实际需求相衔接。通过运用机械 CAD 绘图教法，学校不仅优化了常规的手工绘图教学，而且更注重学生的基础知识与基本能力教学，以及对学生的思维技能与主动认知能力的教育训练，这有助于实现教学一体化的目标。

2. 提高学生的综合素质

在互联网时代背景下，教师借助机械 CAD 绘图教法，能够为学生的学习提供一个良好的学习环境，教师运用机械 CAD 绘图教法能够为学生的绘图课程带来巨大的教育资源。同时，运用机械 CAD 绘图教法，能够充分调动学生的学习积极性。另外，机械 CAD 绘图教法具有时间上的相对自由性，能够为学生的学习创造更多的机会。

（二） 机械 CAD 绘图教法应用于机械专业教学的具体策略

1. 明确教学内容，丰富教学资源

将机械 CAD 绘图教法应用到机械专业的教学中，教师需要采用以线上课程为主、线下课堂辅助线上课程的教学形式。通过线上教学和线下教学的结合，学生能够更好地掌握和运用 CAD 绘图技能。因此，在进行机械 CAD 绘图教法的教学过程中，教师需要参照一体化教学纲领，针对学生的学习情况，明确教学目标与内容，提高学生的学习兴趣，提高机械 CAD 绘图教法的教学效果。

2. 提高学生的自主学习意识

在将机械 CAD 绘图教法运用于机械专业课程的过程中，教师必须注意培养学生的自学意识。教师在课堂上讲授绘图方法，能让学生更好地掌握绘图技巧，也能更有效地提升绘图教学的效果，进而提高学生的绘图能力。同时，教师也要注意提高学生自主学习的意识和能力，促进学生综合能力的发展。

第四节　机械 CAD 教学的创新研究与发展

一、机械 CAD 在"互联网+"背景下的教学创新研究

（一）机械 CAD 课程概况

机械 CAD 课程是一门实用性较强的课程。在该课程的教学中，教师可以训练学生的绘图能力、读图能力，并进一步使其掌握我国的相关机械绘图规范，从而为其后续专业课程的学习打下坚实的基础。在"互联网+"背景下，顺应"人们对更快乐、更完美教育的渴望""新信息技术的集群应用""教学模式的深度变革"的需求，大力推动教学的"建、教、练"，是提升教学质量的重要一步。因此，学校应按照教育的性质和特点，探索机械 CAD 课程线上和线下双管齐下的新教学方法。例如，某学校通过互联网平台，充分运用线上资源进行课程改革，教师自制课程录像、教材课件，利用现有的优秀教育资源等，建立了更符合学校特点与学生学习需求的线上资源库。线下的教学模式则以课程为主体，教师采用边教边练、案例讨论、团队互助的课堂模式，做到了"教、学、做"的合一。教师带动学生逐步完成课程计划目标，并将各种子情境任务与课堂教学相结合，探索出了"手把手、放开手、甩开手"的新教学模式，这种教学模式打破了传统课堂教学的流程，由以教师"教"为中心转变为以学生"练"为中心。

（二）机械 CAD 教学现状

机械 CAD 教学虽然有着极强的实践性，但目前机械 CAD 课程仍采取"以教师教学为主、以学生听课为辅"的常规教学方法，忽略了学生的个体差异和实际学习情况。而且，目前的机械 CAD 教材内容普遍滞后于机械 CAD 应用的更新。在实际学习过程中，部分学生不做课前预习，在课堂上往往只忙着去记 CAD 绘图的基本

操作命令，忽略了对指令的正确运用方法，这使其在课后完成巩固练习时十分吃力，甚至觉得课程太难，从而降低了学习的积极性。以往的教学方法，不仅学习效率低而且教学质量也不高。为打破以往教学方法的限制，进一步提升教学的实效性，不少学校针对该科目采用了支架教学法、目标驱动法、翻转教学、案例教学法、线上线下融合教学法等方法，实施了课程优化、培养模式的变革和探索，获得了良好的教学效果。

（三）"互联网+"背景下教学创新探讨

1. 应用网络教学平台

目前，可供选择的网络教学工具较多，理想的网络教学工具是课堂教学活动的基础。笔者认为，网络教学工具的选用应当符合下列条件：使用计算机或移动终端；操作简单；支持录像、图片上传；提供交互式教学；可进行远程教学。

（1）学生扫码考勤。目前的网络教学平台具有较强的考勤功能。学生在规定时段内使用手机输入验证号码或扫码便能进行有效签到。此外，网络教学平台还设有学生考勤信息导出功能，便于教师在学期末对学生考勤情况进行核算。

（2）视频资源共享。教师通过网络教学平台可完成单独或分批上传视频文件的操作，这为教师进行视频资源共享带来了方便。学生可以使用个人移动电子设备观看、下载相关资料。

（3）问卷调查。网络教学平台有匿名问卷调查功能。教师使用该功能可以准确、高效且全面、真实地了解学生的学习情况。

2. 录屏设备适时录播

机械 CAD 的教学重视运行过程的演示，而在此过程中的录屏资料对学生学习过程的影响较大。笔者认为录屏资料可由两个环节构成，一是课堂教学活动场景的录屏资料，二是学生课后训练过程中描述问题的录屏资料。课堂上的教学活动场景与录屏环节虽然较随意，但更富有真实感与代入感。该环节本着"一案例一录屏、一记录一上传"的原则，为学生上机操作训练提供了帮助，促使学生在发现问题时能够有效处理，同时也缓解了教师的课堂压力。而课后反馈问题的记录内容则以学生反馈信息为基础，并相应地强调了重难点，成为学生课后练习的重要补充，有助于培养学生的综合运用能力。

3. 按时收集课后作业

教师在网络平台上也应该注重课后练习板块。教师通过平台设定作业提交时限，可让学生在约定时间内提交作业，并且能够督促还没有提交作业的学生抓紧完成。这样能够激发学生的积极性，节省了大量时间，也大大减少了纸张的消耗。而现在的软件功能也更加强大，能够让教师可以即时从平台中查看学生的完成状态。这样既便于教师实施管理，也能够方便其记录作业成绩，将错题和漏题情况及时反馈给学生，从而做到了双向融合。

4. 尝试使用翻转课堂教学模式

翻转课堂教学模式，就是把传统的"教师讲述、学生模仿"的教学方法，翻转为"学生作为课堂主体、教师直接引导"的全新教学方法。这种创新型的课堂教学模式，能够增进教师与学生之间的沟通和互动、调动学生的学习积极性，使其能够更高效地开展自主学习。例如，教师利用网络资源可以让学生提前预习课堂教学内容，在准备充分的情况下，教师完成对部分知识的讲授，学生则能在计算机上进行操作练习。此外，当教学任务完成后，教师还可以把优秀作品拍摄为教学录像，以供各个班级，甚至不同年龄段的学生交流学习，从而增加教学的趣味性与互动性。

5. 借助手机 App 改变教学模式

"互联网+"结合最新的软件技术，可以开展网上点名、网络咨询、互动式课堂和视频教育等活动。互联网教育具有许多其他教育方式无法比拟的优势。它不受时间、距离、场地的约束，利用设备可以完成文本、图像、视频、语音等教学资料的传输，既提高了学生的学习积极性，也具备良好的监督性。同时，学生还能够利用手机 App 与教师进行交流，不受距离的限制，在表达自己想法的同时还能聆听其他学生的想法，并及时为自己的学习方案做出改变。

在"互联网+"背景下的课程中，为培养学生的机械 CAD 实践运用意识与未来职业生涯适应能力，教师不仅要成为传统的讲解者，还应更加注重课堂实践，指导、协调、带动学生进行自主学习。学习过程也不再是简单地由教师问、学生答，而是学生在遇到问题时可以向教师求助，教师答疑解惑，学生积极参与流程的各个环节，从而使学生具有很强的学习主动性。

二、采用创新教学方法的设计绘图及 CAD 教学设计

读图能力和绘图技能是机械专业学生所应具备的基本技能。如今，机械 CAD

绘图教学延续了"传递—接受"式的传统模式，即以教授系统基础知识、培养基本绘图能力为宗旨。由于传统机械 CAD 绘图教学方法的僵化，以及教育理念滞后、教学模式陈旧、考试方式陈旧、内容存在偏失等情况，很多学生的学习积极性不高、创造力欠缺、基础绘图能力不足，且其所学内容在实际工作中很少能够得到有效运用。对机械绘图和 CAD 课程教学模式和教学方法加以优化，能增强课堂教学效果，使学生能够对机械 CAD 绘图的基础方法和 CAD 软件有较好的了解，能够为学生今后的继续教育和就业奠定牢固的基础。

（一）传统教学方法效果不佳的原因分析

1. 教学方法简单，学生的自主学习意识不足

传统的教学方法，如讲授教学、多媒体教学等，虽然各有优缺点，但在实际教学过程中缺乏有机统一，且教师在运用方式、采用时间、运用比例等方面都不一致。例如，部分教师过多地使用 PPT 教学，这使学生在课堂上缺乏参与感，很难融入课堂，也无法激发其学习兴趣。同时，由于部分教师课堂推进速度过快，而学生接受得较慢，学生很难赶上教学进度，甚至有的学生直接放弃了这门课程；有的教师不能充分发挥多媒体的优点，这导致无法有效实现各教学方法间的取长补短。另外，简单的教学模式和古板的教学方式也很难激发学生对课堂内容的学习兴趣，从而无法有效地训练学生的自主学习能力。

2. 教学内容存在偏失，学生的实践能力不足

绘图教学的核心主要是实际绘图技能训练，以及对 CAD 等软件操作技能的培养。不少教师忽视了基础绘图技能训练，殊不知，基础绘图技能和读图能力是机械 CAD 学习过程中的基础素养，也是运用软件开展工作的根本手段。此外，有些教师在讲课过程中将理论知识讲得过多，让学生实际练习得过少，特别是 CAD 这样实践性很强的课程，往往需要学生通过大量的练习才能真正学会。教师没有留出时间让学生在课堂上巩固所学内容，这使其不能很好地投入学习。

3. 培养模式陈旧，学生的绘图技能欠缺

评价能够反映课堂的教学情况，从而为下阶段的课程设置提供依据。目前的评价方法大致分为出勤状况、课后习题掌握状况、期末考试三部分。学生很可能存在"出工不出力"、课后习题模仿（复制粘贴）、期末考试临时突击的问题，所以这三

个方面的评价方法都无法真实评估学生的学习状态。因此，传统的教学方法、单调的课程、陈旧的评价方法，使学生的绘图技能无法得到有效提高。

（二）机械绘图教学模式

1. 传统教学模式

传统教学模式是"一边说，一边听"，即教师在黑板上讲解基本绘图原理和方法，学生根据教师的规定在一定时间内完成一定的学习任务。这种传统的教学模式使教师很难对立体图形进行有效讲解，也无法让学生更有效地建立空间逻辑思维。

2. 多媒体教学模式

多媒体在绘图教学中的运用是绘图教学的一大飞跃，大大提高了教学品质。使用多媒体能够更好地介绍那些不能直接在黑板上展示的、实用性好的、图片信息丰富的内容。不过，多媒体教学也面临一些问题，如教师对多媒体的过分依赖等。

（三）基于创新教学方法的课堂优化

1. 教学模式的优化

（1）采用多种教学模式相结合的方法。单一的教学模式已远远不能适应现代机械设计的发展。教师要在课堂教学中发挥多种教学方式相结合的优势，根据不同的教育过程选择不同的教学方法。例如，在课堂初期，为了让学生更容易掌握基本绘制流程，教师可引导学生边说边画，形象地说明基本绘制流程；教师还可以在讲授剖面图后，利用 PPT 进行动画展示，使学生更清楚地掌握剖面图基本绘制方法。

（2）转变教师角色。传统的教学方法以教师的直接教学和学生的被动接受为主，教师是主导者，但这种被动式的教学很难激发学生的学习兴趣。教师在机械 CAD 绘图教学中所充当的角色应是参与者和引导者，学生应当成为教学的主体。教师在进行了基本的教学讲解后应把教学的主动权交给学生，让学生提出所遇到的问题，并由教师解答，然后教师再引导学生对所学内容提出相应的观点。教师也可以在介绍某个几何图形画法之前，先让学生表达自己的观点，教师再加以评价，这样既能让课堂教学更有目的性，也能更好地调动学生的学习积极性和培养学生的创新能力。

（3）控制教学进度，改革考核方式。如今的绘图教学一般表现为分段教学，但不少教师只重视计算机软件教学，而忽视了学生的基础绘图技能。这就导致其中的几何学绘制、机械工程绘制部分所占学时比例较低，学生的手绘水平较低，基础绘制知识掌握较少。另外，学校应进行考核方式的改革，改变以往由最后一次考试决定学生分数的模式，把学生的平时表现分布在教学的不同层级，按照学习中完成的任务情况设置评价标准，提高学生平时成绩所占总成绩的比重。平时成绩应包括学生平时的听课质量，发现新问题、解决问题的能力，以及课后题的完成程度和创造力，以激发学生的学习兴趣。

（4）将机械 CAD 绘图课程与所学专业紧密结合。有许多企业和毕业生反映，学校教育和该专业的实践就业之间存在脱轨问题。因此，教师在讲解时要严格贴合学生的专业实践，在介绍案例时应列举那些在实践中会接触到的案例。

（5）强化校企联系。机械 CAD 绘图教学的主要目的之一是为相关工作岗位培养优秀的技术人员，所以，机械 CAD 绘图的教学内容也要尽可能接近实际。学校可选派相关的任课教师到企业进行交流，或引导学生进入相关企业实习等。

2. 教学方法的优化

（1）注重学生基本绘图能力的培养。机械绘图的教育目标是提高学生的看图能力、绘图技能，以及掌握绘图程序。尽管一些学生对机械 CAD 软件非常熟练，但许多学生的基本绘图能力薄弱，不知道从何处开始画。部分学生读图能力或立体结构理解能力较差，以至于无法理解块的基本结构。另外，有些学生画的零件图与装配图中的同一零部件的结构尺寸不一致，这不仅体现了他们的绘图能力不足，也说明了他们的读图能力较差。因此，学校应注意调整课程重点，强调学生绘图技能的培养。

（2）重视培养学生的空间想象力。空间想象能力是读图与绘图技能的关键。将设计目标通过图纸进行合理的表达，是绘图过程的重难点。对学生空间思维的训练，一是要加强学生基础绘图与看图技能训练；二是要利用先进的教学设备——多媒体教学系统、CAD 软件等创建三维空间模型，进行立体图形绘图展示，训练学生"由数及体，由体及数"的空间意识思维；三是要利用丰富的教学工具，在实际教学中给学生发放教学模型，让学生根据实物造型仔细揣摩。

（3）注重培养学生的创新能力。创新教育已然是社会话题，但校园仍是创新教育的主要"沃土"。在课堂教学中，教师需要充分激发学生的创造力，改变以往直接为其提供考试题和练习题的方式，让学生自己发挥创造力，自己选择，自己完成。

（4）合理安排教学模式。教师很难采用单一教学方法和手段来取得较好的教学效果。在进行教学活动时，教师过分依靠 PPT 已是普遍存在的问题，这使教学过程推进速度太快，学生感受不强，觉得课堂枯燥乏味。在教学活动中，教师和学生几乎没有互动，教师也不能随时掌握学生的学习情况。教师需要学生动手绘图时应让学生动手绘制，需要运用多媒体演示时应进行多媒体演示，当这些都落实后，才能直观高效地使学生了解绘制流程，明确绘制方式，从而提高学生的学习质量。

（5）集"讲"与"习"于一体。教师应在教学中采取"讲—习—讲—习"的教学模式，即当教师讲授了某个知识点后让学生当堂练习，学生可以有效地巩固知识点，教师可以随时了解学生的知识掌握状况。学生若发现问题，也能及时得到教师的帮助。这样就能够使学生在轻松愉快的状态下学习专业知识，从而提升其学习的积极性。

三、从规范绘图入手建设机械 CAD 教学资源库

近年来，随着我国社会经济的发展，教育工作的投入力度也在日益加大，学校的教学条件也在逐步改善，而计算机等先进教学设备在课堂中的运用也日益普遍。教师除了要教会学生使用机械 CAD 相关软件之外，还应教给学生怎样合理绘图，这也是建设该课程资源库时需要考察的重点。

在此基础上，机械 CAD 课程学习资源库的建设还应从规范机械 CAD 绘图入手，这样不但有助于学生理解机械绘图规则，同时还可以训练学生利用计算机进行机械设计的意识。

（一）机械 CAD 规范绘图的基本要求

机械 CAD 是机械类专业学生的专业课之一，目前，课程不仅越来越趋向实训化，而且对绘图规范的要求也日益严格。但是，在机械 CAD 的教学实践中，学生往往会忽略绘图规则，总是向教师询问有关操作方法，而自己并没有仔细钻研其基本操作方法。但当教师介绍了有关规则后，部分学生却并没有认真听讲。因此，大部分学生在教学实践活动过程中只使用教师所要求的方法，按部就班，其自学能

力、实践能力并没有得到有效培养。尽管现在很多学校的办学设施已经不断丰富，学习工具的种类和数量也越来越多，但是部分学生对机械 CAD 课程的自主学习能力却没能更进一步提高。所以，在课堂教学中，教师要强化学生对机械 CAD 绘图要求的学习，并使其了解与机械 CAD 绘图内容相关的基本知识。另外，教师还要做好对学生的知识引导，发挥其指导与帮助的作用，从而使学生懂得怎样合理地选择，并学会积极复习。

（二）机械 CAD 规范绘图的基本原则

要想利用 CAD 绘制机械图，最关键的是要严格遵守绘图标准。在机械 CAD 教学过程中，大多数教师只要求学生完成基本绘图任务和达到基本绘图速度，而没有要求学生深入研究相关绘图标准，所以，大部分学生尽管已经熟悉机械 CAD 的绘制方式，但是其所绘制的图形却不能满足绘图规范的要求。学生需要熟练地运用机械 CAD 绘图软件，用顺序性较强、符合绘图标准的方法将图像绘制出来，而为了实现这一点，就需要遵守相应的绘图原则。

1. 绘图要清晰

在绘图时，不管是在什么学习阶段，都要学会把机械设计思路以及机械设计内容表现在图纸上，这是一种直观、精确、醒目、便于沟通的表达形式，所以，图纸清晰是第一准则。好的图纸，一目了然，而且尺寸标示、文字说明都十分清晰，互不交叉。

2. 绘图要准确

在进行机械 CAD 绘图的过程中，学生需要将绘图标准铭记于心。准确的绘图不仅美观，而且能够直观地表现一些问题，这对提升绘图效果也能起到很大的作用。

3. 绘图要规范

机械 CAD 绘图对线型、路径长度是有规定标准的，对特殊的绘图符号也有相关要求。绘图时必须确保图中所用符号的正确性，并把握好尺度标准以及整体图的间距与精度，同时还要保证其清晰易辨。

四、机械 CAD 课程的动手能力训练

在机械 CAD 教学过程中，教师需要注重训练学生的动手能力。

（一）激活学习兴趣，培育创新力量

兴趣是最好的老师。所以，学生只有对机械 CAD 的学习充满兴趣，教师才可以激发他们课堂学习的积极性，引导他们主动学习。怎样在课堂教学中激发学生的积极性，是现阶段亟待解决的课题。教师必须在课堂教学活动中增强对学生学习兴趣的培养，让学生逐步感受到学习这一技能的乐趣，从而调动学生的学习主动性，引导他们积极地去思索、去探究，并训练他们认知、提问以及发现问题和解决问题的能力。

在进行机械 CAD 教学的过程中，教师应当让学生了解其这相关特性，并对其有一种形象的、清晰的了解，以充分调动学生的学习兴趣。在授课的过程中，教师可以绘制一个图像，以两种方式进行描绘，第一种是手工绘图，之后再通过 CAD 绘图软件完成对图像的绘制。通过这两种绘制方式的展示，学生可以更加清晰地感受到 CAD 绘图软件的优势。这样不但可以实现课程目的，也可以充分调动学生的学习兴趣。

在课堂结构上，教师可以将知识进行分类，将学生进行分组，每天给学生布置需要完成的任务，同时，引导学生在课堂上展开积极探究，让学生积极参与其中。另外，教师还可以设计一些探究性的问题和情境，激发学生的求知欲望，提高学生的协作能力。

（二）实施创新教育，培养学生的创造力

1. 采用任务驱动、项目导向的教学模式，培养学生的创造力

所谓任务驱动的教学模式，是指教师为学生安排相应的学习目标，让他们独立学习，这样能够训练其多方面的技能的教学模式。这个模式最大的好处在于可以让学生直接参与学习活动。所谓项目导向的教学模式，指的是在课堂活动中教师应将课程按照特定的要求加以规划，分为若干课程项目，按照规划的项目开展教学的模式。这两种模式都能够训练学生实事求是的研究态度和认真仔细的学习态度，还可以培养学生的创新能力以及动手实践能力。

在以往的授课过程中，教师主要强调的是学生对 CAD 基本命令的掌握。然而部分教师在课堂教学中却并不能与学生实现良性的交流和互动，这直接造成了部分

学生在课后不能对教师所讲述的教学内容有清晰的理解，学生绘图效率较低，学生独立学习的能力也不高。为了改变这种状况，教师在授课的过程中应加强与学生之间的互动，使学生在掌握了 CAD 软件后就能够直接学会运用。

教师采用上面所说的任务驱动、项目导向的教学模式，就是按照 CAD 绘图技能教学的实际需要，并根据行业的要求，改变原来的课程结构、学科框架，把 CAD 理论知识与实操整合在训练项目中，并使每个项目都包括若干问题。在教学过程中，教师每次让学生完成一项或若干项目，然后利用具体的课题和项目引导学生进行练习，这样不但可以激发学生学习的主动性，还能够实现教育目的，让学生更加熟练地掌握机械 CAD 绘图技能。

2. 采用"合作—探索"型教学模式，培养学生科学探索的兴趣与团队精神

教师在教学的整个过程中应该发挥学生的主体作用，让学生直接参与整个教学过程，从而提高学生的创新力、自主动手能力以及自主思考能力。笔者在机械 CAD 教学中尝试了"合作—探索"型教学模式，在布局训练任务和工程项目时，只具体规范学生上机的目的和条件，而上机绘图的基本思路、方式以及绘图的步骤都由学生独立思考。这种教学模式不但改变了传统的教学模式，使学生可以主动投入学习，而且，教师可以直观地看到学生在学习过程中遇到的问题，从而对其做出有针对性的指导。

在机械 CAD 教学过程中，教师还需要进一步引导学生开展自主性学习，在教学过程中培养学生的创造力和实践能力。针对学生的实际情况，教师可通过启发式方法，让学生学会剖析现象，并培养学生自己动脑解决问题的能力。在课堂教学过程中，教师还需要发现并指出学生所面临的问题，启迪学生探讨解决问题的办法。这些方法可以使学生更加勤于思考，提高其对知识的掌握程度，也能让他们学会分析问题和解决问题的正确方式，从而培养其创造性思维能力。

第五节　机械 CAD 项目教学中的多元评价机制

传统的、以结果为导向的评价方式已无法全面反映学生在知识、技能、态度等

方面的情况。为促进学生全面发展，学校须建立科学、合理、多元的评价机制，体现"教、学、做、评"一体化的理念。

一、学生技能、过程、成果的综合评价

传统的只注重结果的评价方式，已经不能满足现代教育对人才综合素质培养的需求。因此，评价应从以下三个维度进行。

（一）技能维度评价

技能维度评价学生在项目中对专业知识、操作技能和工具使用的掌握程度。例如，在机械 CAD 绘图项目中，可评估学生在三维建模、装配设计、图纸规范等方面的掌握情况。

（二）过程维度评价

过程维度评价强调对学生在项目执行过程中的学习态度、参与度、团队协作能力、问题解决策略等方面的动态观察和记录。其评价形式可包括阶段汇报、教师观察记录、项目日志等。

（三）成果维度评价

成果维度评价主要关注最终产品的质量，包括技术准确性、设计完整性、创意表现、文件的规范性及可展示性等，同时可结合答辩等方式对学生进行综合评定。

二、自评、互评与教师评价相结合的方式

（一）三主体协同评价模型

三主体协同评价模型将学习评价过程置于学生自评、学生互评和教师评定三条主线的交汇处，可形成闭环，促进学生的学习。学生可在自评环节扮演学习者与反思者的角色，通过结构化反思模板和榜样示范等方式激活元认知，提升自我调节能力，克服浅层反思及"自抬"或"自贬"的偏差。在互评环节，学生则转变为合作者与评审者，通过匿名机制与同伴评级系数减轻"友情分"带来的评价失真。教

师作为设计者、引导者和裁判员，可采用数字化记录、AI 辅助等方式，这样既能够确保专业把关和过程辅导，又能够缓解评价工作量大、盲区多的问题。三主体各司其职又相互嵌套，能使评价活动兼具可信度、激励性与发展性，最终实现"评"与"学"的深度融合。

（二）互评可信度保障策略

（1）多轮交叉互评：同一成果由 3 ～ 5 名学生进行打分，系统取中位数或删除异常值。

（2）层级复核：学生打分后，教师对抽样作品进行复核，并校准评分区间。

（3）评分权重调整：依据学生历史互评准确率动态调整其评分权重，以提高整体评分的可靠性。

（三）教师评价"过程—诊断—发展"的三位一体

（1）过程监察：利用观察量表实时记录各小组氛围、分工情况。

（2）诊断反馈：应在每个里程碑节点给出定量与定性混合反馈，提出可行性建议。

（3）发展指导：针对学生个人短板定制辅导资源包，如微课、行业案例、教师辅导时段等。

（四）文化与心理安全

（1）营造"错误即资源"的氛围，鼓励学生公开讨论失败经验。

（2）采用"反馈三明治"法，即"肯定—改进—鼓励"，尽量不要使学生产生挫败感。

三、建立可量化的项目考核标准体系

（一）指标分解与权重配置

（1）目标对齐：先梳理课程目标与要求，再反向映射到项目评分指标。

（2）粒度适配：指标过粗无法反映差异，过细则操作复杂。建议设置 5 ～ 7 个一级指标，每个指标下设置 2 ～ 4 个二级指标。

（3）动态权重：同一项目在不同阶段的权重可调整，例如，前期强调方案规划，中期强调技术实现，后期强调商业可行性。

（二）自动化评分与数据管理

（1）脚本化评分：对编程、建模、测试覆盖率等可量化成果，使用自动脚本生成分数。

（2）区块链存证：关键评价节点哈希上链，可保证评价数据防篡改。

（3）统计分析：利用学习分析平台输出指标雷达图，可识别班级中整体与个体的短板。

（三）持续改进闭环

（1）学校每学期应依据数据表现、行业新标准、学生反馈来微调指标。

（2）评价结果可反哺课程设计，形成"目标—实施—评价—改进"螺旋式上升的过程。

四、典型项目的分项评分细则设计

下面以"智能小车运动控制项目"为例，展示多元评价在不同领域的实施细节。

（一）项目背景

学习目标：传感器融合、嵌入式编程、运动学算法、团队协作。
任务要求：设计并实现能在复杂赛道上自主行驶的小车。

（二）评分维度与指标

在项目考核中，为全面衡量参与团队的技术能力与执行水平，可从方案设计、硬件与软件实现、系统性能、创新能力、协作效果等方面进行细化评分。

（三）实施步骤

W1W2：立项与需求澄清（教师审批）。

W3 ～ W6：硬件、电路、算法并行开发，周会互评。

W7：中期评审，教师、行业专家、学者进行诊断反馈。

W8 ～ W10：系统集成、场景测试、能耗调优。

W11：赛道实测比赛，进行展示答辩、评分。

W12：数据归档，Rubric 优化工作坊。

多元评价机制是项目教学模式下实现"以评促学、以评促教"的关键保障。构建以技能、过程、成果为主轴，融合自评、互评与教师评价的立体体系，配合可量化的考核标准与典型项目评分模型，不仅能够提升教学质量，也能够提升学生的综合能力和职业素养。未来，教师可探索 AI 辅助评价系统、学习分析系统等新兴手段，进一步完善项目教学的评价闭环与数据支持。

第三章　强化CAD绘图技能训练

第一节　CAD基本指令

一、CAD快捷键

（1）建立直线的快捷方式为【L】+空格。

（2）建立圆的快捷方式为【C】+空格。

（3）生成圆弧的快捷方式为【A】+空格。

（4）建立矩形的快捷方式为【REC】+空格。

（5）创建点的快捷方式为【PO】+空格。

（6）创建单行文件的命令为【DT】。

（7）创建多行文件的命令为【MT】。

（8）创建填充的命令为【H】。

（9）修剪绘图过程中多余的线的命令为【TR】+空格。

（10）修改文本的命令为【ED】+空格。

（11）把已经画出的线段延长至某一线段的命令为【EX】+空格。

（12）把已经画出的正方形倒圆角的命令为【F】+空格。

（13）镜像命令的快捷方式为【MI】+空格。

（14）复制命令的快捷方式为【CO】+空格。

（15）从局部观察机械平面图的细节处，一般采用【Z】+空格。

（16）能够在工作区域查看实时缩放的放大镜的命令为【Z】+空格+空格。

（17）移动命令为【M】+空格。

（18）旋转命令为【RO】+空格。

（19）偏移命令为【O】+空格。

（20）快捷方式【CTRL】+【P】，代表打印文件。

（21）快捷方式【CTRL】+【C】，代表复制。

（22）快捷方式【CTRL】+【V】，代表粘贴。

（23）快捷方式【CTRL】+【X】，代表剪切。

（24）平移视图的快捷方式为【P】+空格。

（25）通过平移视图的命令为【P】+空格。

（26）在这一视图中的命令为【Z】+空格+【P】+空格。

（27）全局表示自己画的平面图的命令为【Z】+空格+【A】+空格。

（28）在 CAD 里寻找帮助时，可直接单击【F1】。

（29）正交的快捷方式为【F8】。

（30）启动和禁用对象捕捉工具的快捷方式为【F3】。

（31）以直线标示的快捷方式为【DLI】+空格。

（32）修改文本格式的快捷方式为【ST】+空格。

（33）重新制作的快捷方式为【R】+【E】+空格。

（34）计算面积的快捷方式为【AA】。

（35）设置动作捕捉模式，可以使用快捷方式为【OS】+空格。

二、CAD 技巧汇总

（一）怎样设置 CAD 默认保存文件为低版本

在绘图页面进入【OP】→点击开始和存档选项卡→在"文件保存—另存为"处选择低版本进行。

（二）文字镜像如何设置转动与不转动

在镜像前，使用【MIRRTEXT】命令（输入新值 0 代表文字不旋转，输入新值 1 代表文字转动）→待指示结束时，再选择【MI】镜像指令即可。

（三）CAD 的版本转换

（1）CAD 最高版本能获得任何低版本的图纸资料。

（2）CAD 低版本不可以打开高版本的图纸。

（3）从高版本转到低版本的方法，可以选择"另存为"，即将原文件类型也变成任意的最低版本。

（4）把低版本转换成更高级版本时比较复杂，因为要使用第三方应用软件，也就是要使用高版本转化器。

（四）加选无效时如何解决

正常的设置应该能够连续选取几个物品，但是有时候连续选取物品会无效，只能选取最后一个所选定的物品。

解决方法：【OP】（选项）→选择→SHIFT 键添加到选择集（把钩去掉）。注意，用 SHIFT 键添加到选择集，去掉钩后则对加选有效，反之则加选无效。

（五）填充无效时如何解决

有的时候在填充时会填充不起来，除系统因素的影响之外，也必须到【OP】选项里检查。

解决方法：【OP】→显示→用实体填充（打上钩）。

（六）多段线如何合并

使用【PE】指令→选定所要合并的一条线，再输入【Y】，接着使用【J】→选定所要组合的线，即可。

（七）鼠标中键不好用怎么办

一般情况下，滑动鼠标滚轮可以实现放大或缩小，再有便是平移（按住）。但是有时候，按滚轮时，并没有平移，而是出现了下一按钮。

解决方法：这时只需调整系统的【MBUTTONPAN】即可，其设置初始化值为1，当按住并拉动按键或滑轮后，就支持了平移功能。

（八）CAD 命令三键还原

假如 CAD 里的系统变量被无意修改，又或者某些函数故意被修改了，该怎么办？这时既不需要重装，也不需要逐个调整。

解决方法：【OP】选项→配置→重置。

备注：在恢复后，有些设置还需调整，如十字光标的尺寸等。

（九）CAD 技巧

众所周知，确定键有两种，一种是回车键，另一种则是空格键，但也可以用右键来替换。

解决方法：【OP】选择→用户系统配置→在绘图区域中，利用快速按钮（打上钩）或自定义右键单击进去→将全部重复的上一条指令都打上钩。

（十）命令行中的模型，若布局不见了如何处理

解决方法：【OP】→选项→显示→显示布局和模型选项卡（打上钩即可）。

（十一）若两个机器都要求打印相同的线型，如何设置

解决方法：【OP】选项→打印→添加打印列表。不过在此以前，必须创建一张属于自己的图例表。

（十二）如何在图形窗口中显示滚动条

解决方法：【OP】→显示→图形窗口中出现滚动条即可。

（十三）圆形图不圆了如何解决

（1）直接输入指令【RE】就可以。

（2）【OP】→显示→将圆的圆弧平滑程度调大一些，即可。

（十四）怎样处理汉字不显示或输入汉字成问号的情况

出现这种情况可能是以下几种原因。

（1）相应的文字不能采用汉字字体。

（2）在当前操作系统中没有汉字字体文件，应把所用到的字体文件复制到 CAD 的文本项目中。

（3）对于一些字符，如希腊字母等，也需要用到相应的字体文件，不然就会提示问号。如果查不到出错的文字，就可以重新选择输入文字的时间及位置，再输入一次，然后用小刷子点击新录入的文字，再去重刷出错的文字即可。

备注：系统有些自带的文字，但是有时会因为错误操作或某些外部原因会造成汉字字体的损坏，这时就可以从其他计算机拷贝字体文件。

（十五）如何缩小文件尺寸

当绘图层完稿后，运用清理（【PURGE】）指令，可以清理掉剩余的信息，如无效的方块、缺少实体的图层以及未用的线型、文字、尺寸样式等，从而有效缩小文件尺寸。

一般来说，需要用【PURGE】命令彻底清理二至三遍。用 -【PURGE】（在 PURGE 前面加一个减号）处理起来会更干净一些。

（十六）DWG 文件被破坏了怎么办

解决方法：文件→绘图实用程序→恢复，选择你要恢复的文件。

（十七）如何解决输入文字的高程无法改变的问题

如果所用字体的高程值不为零，采用【DTEXT】输入文字时一般不需要填写高程，因为这样输入的文字高程值是固定的。

（十八）为什么有些图形显示不能打印

当图像绘制在由 CAD 自动生成的图层上时，有些图形显示不能打印的情况就会发生。因此，应避免在这些层进行图像绘制。

（十九）如何修改块

调整区块指令【REFEDIT】，按提示，调整好后使用指令【REFCLOSE】，选择保存。

（二十）印刷出来的文本有空心如何处理

在命令行使用的【TEXTFILL】命令中，值为 0 代表文本为空心，值小于 1 代表文本是实心。

（二十一）特殊符号如何输入

我们知道，表示直径的"φ"用控制码%%C，表示地平的"±"用控制码%%P，表示标注的符号——双引号用控制码%%D。可是，在 CAD 中怎么使用呢？①按【T】文字命令，拉出下一个文字框；②在对话框中按右键→符号→发现一些选择。

（二十二）平方如何打出来

首先对图加以标记，接着使用【ED】命令，在【文字格式】选项中的【@】下拉选项中可以标示平方的特定数字。

（二十三）如何恢复错误文件

有时候，所绘制的图纸会因为断电或其他问题而突然打不开，甚至无法备份文件，这时设计人员就可以尝试以下的办法修复：在文件（File）菜单中选择"绘图实用程序/修复（DrawingUtilities/Recover）"，在弹出的"选择文件（Select File）"对话框中选定要修复的文件并确定后，即可开始修复的运行。

（二十四）如何消除点标记

在 CAD 软件中，有时交叉点标志也会从鼠标单击处生成，但使用【BLIPMODE】指令或在提示行下使用【OFF】指令都可以去掉它们。

（二十五）文字工具的使用及标注样式

1. 文字样式的设置与输入
在菜单栏中可以对文字样式（【ST】）进行设置，并且可以设置文字的字体、大小等。

2. 尺寸样式设置

在菜单栏格式设置下可选取尺寸格式，选定后即可对尺寸格式进行配置，同时可在尺寸类型下设置线、字符、箭头、文本、位置、主单价、换算单位、公差等，在这些选择中，可对尺寸类型的参数进行配置。

（二十六）倒角、圆角命令的讲解

1. 倒角命令的讲解

使用倒角命令可以把两条有角度的线进行连接，可以选择以距离方式倒角或以角度方式倒角。

在倒角过程中也可以对修剪方式进行设置，当需要倒两个或两个以上角的时候，可以多次选择【M】对图形进行多个倒角命令。

2. 圆角命令的讲解

和倒角命令类似，圆角命令可以把两个有角的线段联系在一起，输入圆角指令【F】，输入半径指令【R】能确定圆点的半径位置，借助两段路线，就能够实现圆角指令。与倒角命令相同，圆角命令也可以设置修剪与不修剪。

第二节　CAD 绘图技巧的提高与应用

一、提高学生机械 CAD 绘图水平

（一）机械 CAD 软件的教学现状

如今，机械 CAD 是一种很普及和常见的机械设计绘图软件，在机械行业中被广泛应用，已经成为提升新产品设计效果、缩短新产品设计开发周期的强大工具。因此，在机械类专业课程设计中，机械 CAD 软件是其专业技术必备软件。不过，

从实践教学中可以看到，经过"教"和"学"的结合，尽管大部分学生已经掌握了 CAD 软件的基础运用，但很多学生也只是局限于简单图表的绘制，对原本专业知识中较复杂的零件图和装配图的绘制就显得力不从心。那么，怎样才能提高学生的机械 CAD 绘图水平，从而达到学以致用的目的呢？

（二）机械 CAD 软件的教学探索

首先，机械 CAD 软件展示了其设计理念和设计要求，开发、制造、测试等单位可以利用图样，用简单、明确的方式进行沟通。因此，机械类行业对 CAD 绘图的文件幅面、视图设置、尺寸标注等信息都有一致的要求。在教学过程中，教师应向学生介绍机械 CAD 绘图的规范标准。在图样幅面的设定上，尽管利用 CAD 可以在所设定的任意尺寸的屏幕上绘图，也可以在其所设定的任意尺寸的画面上输出结果，但在实际运用中还是应该根据中国机械工程标准的图纸幅面和图框格式来设计绘图。在教学活动中，教师要使学生自觉遵守上述标准，最好的方法是使学生养成根据标准绘图的良好习惯。那么学生如何养成这种良好习惯呢？部分学生对知识的了解并不牢固，为此，教师可以规定他们采用统一的范本，当然范本应该是根据专业标准特点和专业情况设计的。因此，运用机械 CAD 绘图时，需要在图样中实行图层设定，而零件图中往往根据不同线型设定了许多图层，在此项的设定中，应做系统说明。在这种不断学习的过程中，学生就会容易养成一定的绘图习惯。这样不但会降低错误率，而且加快了学生的学习速度，能为其以后加深理解、掌握绘图方法、提高绘图水平打下基础。还有一种方法是在学习到中后期阶段时，学生可以找出几个具体使用中的实际图样加以训练，把图样的各项规范性绘图条件提炼出来逐项说明，然后逐一合并，将标准与在具体应用中的情况相结合，这样就能使学生比较轻松地将课程中学到的 CAD 基础知识迁移到具体运用中，从而为其最后熟练地掌握 CAD 软件创造有利条件。

其次，在实际使用中，CAD 应用软件通常具备绘制二维草图和创建三维模型的基本功能。就其基础命令来说，可被分为基础绘制命令、基本图像编辑命令、尺寸标注命令、三维模型命令、基本实体编辑命令、视觉样式命令、动态观察命令等。这里，仅基本绘图指令项中就有近二十种，可以分别完成直线、圆弧、多边形、图案填充、文本录入等不同形式文字和符号的录入。把这些命令有机组合起来，是提高学生绘图能力的关键。在 CAD 绘图教学的后期阶段，学生已初步掌握了各种常用命令，但是在此阶段的教学过程中，教师不能一味地提高绘图的难度，而是要注意提高学生技巧性绘图水平与绘图效率，正所谓"熟能生巧，巧能快"。在提高绘图效率的技巧性绘图方法中，最常用的方法有对图夹点操作、构建图块、使用大量的编辑命令等。这些方法可以使学生在绘制较复杂的零部件图和组装图时尽量减少操作步骤，提高绘制质量。在后期的训练中，教师要帮助学生灵活运用这些方法，教师可以通过巡回引导的形式着重指出技巧性方法，了解学生的任务完成情况，并适时指出其存在的问题。

最后，针对各个学习阶段的用户，机械 CAD 软件专门设计了鼠标点击图标、在菜单上选择命令和按快捷键输入三个命令方法。鼠标点击图标和在菜单上选择命令的方法，是最简单且易于掌握的两个指令选择方法，特别适合初学者，但二者的执行速度较慢。按快捷键输入方法则是使用键盘的快捷方式代替鼠标直接发出命令的方法，虽然该方法指令太多而且枯燥、不易把握，但其执行时速度却很快。另外，机械 CAD 软件也向专业技术人员推出了自定义快捷键的个性化软件。自定义快捷键方法是对机械 CAD 中常用命令的快捷方式的重新设定，实现了在键盘进行盲打，以便提高绘图效率。在实际操作中，通常会采用这种方法进行左右手的分工合作，以实现高效绘图的目的。在实际学习过程中，教师应该引导学生通过快捷方式使用常用命令。学生只要点击键盘上的键位就能够运行相应的命令，而不必再去菜单里慢慢查找，这就节约了操作时间，也为提高其专业绘制能力奠定了坚实基础。

随着 CAD 软件技术的不断提升，其应用性能也在日益增强，应用范围也越来越广泛，这对教师与学生都提出了更多的要求。

二、CAD 绘图基础方法的探讨

（一）CAD 绘图基础方法

由于机械 CAD 绘图在机械行业中已得到了广泛使用，机械 CAD 绘制技能已成为其必须掌握的基本技能。但是，唯有选择了合理的绘制方法，才可以大大提高绘制效率，取得事半功倍的效果。

1. 直接绘图法

直接绘图法是直接根据图纸中给定的形状和位置，用 CAD 软件绘制图形的方法。

因为 CAD 软件拥有多项十分高效的图像绘制与编辑任务，同时也拥有十分强大的目标捕捉能力，因此可以使用 CAD 软件快速绘制大量的图像。如果只是绘制图像，问题相对简单一些，但是由于所有图像的尺寸大小都已经确定了，所以只有在绘图前先对图像加以分析，并掌握好所要绘制的图像的几何性质，之后再通过 CAD 的各种命令函数，选取正确的命令并选择适当的绘图方法，才能取得事半功倍的效果，才能使绘制的图像更加准确。尽管这种绘制方法简单明了，但它必须有相应的知识积累，这就要求学生多加训练，如此才能够采取适当的命令和方法迅速绘制所需要的图像。

2. 比例缩放法

先用最方便绘图的尺寸绘制出最相似的图像，再按比例缩放，按照要求的尺寸来绘制。这一类图像的特征在于它的几何联系十分明确，但是缺乏完整的形状尺度、体积运算十分麻烦且不准确、尺度间的联系十分复杂，所以使用直接绘图法会使绘制出的形状不准确，绘图进度也会非常缓慢。不过，设计人员如果能够迅速绘制出与已知大小相似的形状，就能够通过相似绘图和比例缩放的方式来绘制所要的形状。

3. 轨迹法

轨迹法是指通过一个点的运动规律，来判断一个点的方位的几何学绘图方法。当一个形状的几何关系非常清楚，可是没有方法定义一些尺寸，又或者只能估计它的近似值而且还不精确时，就可以运用几何法则，运用其运动轨迹，推测出点的方位，来绘制出所需的形状。

（二）CAD 绘制的基本技巧

第一，大家在 CAD 软件中最熟知的就是其快捷图标的基本命令，这是设计人员必须熟练掌握的。设计人员只有把这种基本功掌握好，才能更好地绘制所要求的图形。

第二，设计人员应该根据自己的习惯来设置快捷键，这样才能更有效地加快绘制速度。

第三，熟练地运用夹点。夹点是画面中的方框，当设计人员能够控制夹点时，也就能够对画面进行基本的操作，可以利用 COPY、MOVE 等工具修改画面中存在的影调，同时也能够利用其他工具对不同的画面进行编辑。

第四，对 ACAD. PGP 文件的修改。从 CAD 软件中可以找到 "These examples include most frequently used commands"，在其下方会有对简写的定义，之后就可以将其英文进行缩写。不过需要注意的是，在使用简写定义后，不要随意更改它的右列，因为它是默认的命令。

第五，就图的结构来讲，如果每张图中只有直线和曲线时，将直线直接进行绘制就可以了，而曲线则要求设计人员能对大量的小圆进行切割，如此才能绘制出所要求的曲线。这时，就必须先画线和圆来确定位置，之后再用【OFFSET】【ARRAY】【FILLET】【TRIM】【CHAMFER】等完成对其形状的调整。

第六，如果设计人员利用构建图块的方式来改善 CAD 绘图中的操作（因为 CAD 软件中最基础的操作就是图块，设计人员都会构建不同的图块），那么，他们就能够利用这种图块，而这样的操作也能为他们提供极大的方便。

在运用 CAD 软件绘图时，首先要掌握 CAD 软件的常用基本指令，包括画线、椭圆、弧线、偏移、延伸、矩形、倒角、旋转、炸开、剪裁、尺寸调整和物体的捕捉位置、字体的标记等，并在学习的初级阶段学会应用，进而逐渐掌握 CAD 软件的基本用户界面以及一些指令。对初学者而言，刚开始不需要记住 CAD 软件的全部基本指令，只要记住基本指令就行了，待熟悉之后再进一步拓展，提高对不同形状的认识，会辨别形状的主次关系，等等，进一步积累基本绘制经验和几何常识，以提升在应用 CAD 软件时的准确性与速度。

三、提高 CAD 绘图效率

在教学中，学生绘制一个零件图常常要耗费很长时间，所以提高 CAD 绘图效率十分有必要。针对学生的自身状况和专业特点，下面笔者就怎样提升 CAD 绘图效率给出以下几点意见。

（一）绘制前要做好充分准备

不少学生在绘制零件图时，往往都是一拿到图样就立即在 CAD 软件上绘制，边看边画，结果越画越乱。这么做不仅没能提高绘图效率，反而降低了绘图效率。出现这样的情况，归根到底是因为学生对机械绘图的基本知识掌握得还不扎实。所以，教师要教学生在绘制前一定要先看图，要认识每部分的基本构造形状，把各部分的定型尺寸、定位尺寸都找出来，先画总体再画细部，做到心中有数。这样学生在绘制时思路就会更加清晰，绘图速度也就能大大加快了。

（二）熟练应用快捷键

设计人员在使用 CAD 软件时，能通过快捷键替代鼠标，快速发送指令进行绘制、编辑、存储等操作。使用快捷键，能够极大地提高绘图效率。所以，学生在学习 CAD 软件的初期时，要学会使用快捷键进行绘图。由于 CAD 软件中的快捷键众多，所以不必要求学生全部牢记，根据使用频率，学生记住最常见的一些即可。

（三）对绘制命令与文字编辑指令的娴熟运用和融会贯通

熟练掌握基本的绘制命令、编辑指令对于提高绘图效率十分有必要。在 CAD 软件中常用的命令通常包括基本的绘制命令，如直线、圆弧、样条曲线、图形填充等；编辑指令中应用次数较多的则是移位、修剪、拷贝、平移、画圆角等。将一些常用命令熟练掌握后，学生要能快速启动经常用到的操作快捷键，从而提高绘图效率。前期，学生必须系统性地对绘制命令、编辑指令等的运用加以巩固训练。例如，如果图画中的圆圈比较多，每个圆圈都要先用直线确定中心位置后才能画圆，此时学生可以抓住中心的位置尺寸，将第一个圆圈画完后，画后面的圆圈时可直接通过【FROM】指令由前一个圆圈的中心偏移直接得到中心位置，这样操作起来就会比较简单，画面也会更加清晰。

（四）善于设置样板图、图块

为提高绘图效率，通常可将绘图设置的初始条件存储为绘图模板文件，在下次绘图时先启动模板文件，在此基础上进行绘图，这样能避免无谓的、重复性操作的情况出现。在样板图中，进行图层、直线比率、文本格式、标记的格式等设计，能保证绘图的规范化。而针对零件图、组装图中常用的表面粗糙度符号、目标栏、明细条等操作，可以将其设计成带功能的小模块，把需要的模块嵌入图中，这样就能够大大节约绘制时间。

（五）培养良好的绘图习惯

良好的绘图习惯是加快学生绘图速度的关键，在绘图时，学生应尽可能使用鼠标右键复制前一种指令，做到左手操作键盘，右手操作鼠标。在绘图过程中，学生往往需要一个绘图辅助图层，把所需要的部分画好后，要将绘图辅助图层全部删掉，否则作图线越来越多，会降低绘制速度。而对较复杂的图像，学生可以用颜色来标记绘图线，这样会使图像变得更醒目，也更便于学生绘图。

（六）其他绘制技巧

在绘图方面的一些绘图方法能够帮助学生提高绘图效率。在绘制时，学生要先观察形状，假设形状是对称的，就可以先画一半，然后用镜像命令画另一半；对于大小相同、形状也一致的元素可以先画一个，剩下的就用复制命令来画；大小相同、形式一致并且均匀分布的一组图形，可以用阵列来实现。在绘图时需要快速修剪的，可以用【TR】命令中加两下空格，将交叉的图线上所分成的大小线段都修剪干净。在绘图完成后要求调整长度时，可以用拉长的【LEN】命令中的动态【DY】来实现。而在图像编辑过程中，学生应善于使用夹点来实现对图像的复制、翻转等。

四、基于样板图形的 CAD 绘制方法及其应用

（一）常见的 CAD 绘制技巧

1. 鼠标的运用

鼠标对绘图工作而言有着至关重要的意义，一般将鼠标的左键设置为选择键，右键设置为确定键，中间滚轮则具有平移和扩大、缩小图像的功能。在滑动滚轮时，光标中心作为图像中心也在不断地实现尺寸的缩放，向前滚动滑轮为扩大，向后滚动滑轮为减小，最后按下中间滚轮就能够实现缩放命令。左键选择目标的使用方式是，从右下方到左上方，目标都落在选项框内的所有实物；从左上方到右下方，目标都落在选项框内的所有实物。

2. 快捷键的运用

如果设计人员能够熟练地运用快捷键，其绘图效率就会大大提高。在要运行某个指令时，既可以采用单击指令图标的方法来完成操作，也可以采用填写快捷键指令的方法。例如，需绘制垂直图时，可直接输入【L】，然后单击鼠标右键即可完成垂直图的绘制。常见的快捷键有镜像【MI】、倒圆角【F】、延伸【EX】、多行文本【T】、复制【CO】、平移【P】、目标追踪【F11】、极轴【F10】、目标捕获【F9】、正文【F8】、栅格【F7】、目标捕获【F3】、文本视窗【F2】、帮助【F1】。

3. 各种应用的整理

（1）输入命令的应用。在常规版本的机械 CAD 软件中有可供操作人员使用的命令输入方式，如按键进入、图标进入和菜单进入。当输入完第一行时，之后直接点击空格键或是回车键，就能够复制上一指令；利用键盘上的【ESC】按钮即可删除正在进行的指令。

（2）输入数据方法的应用。在机械 CAD 软件中的物体距离以及位置，都可以采用使用键盘输入或者直接指定的方法来确定。相对的极坐标值 80<30 需要输入"@80<30"；在相对直角的位置 80 需要输入"@80，80"，相对较长的距离则可以使用直接输入或是鼠标指定的方法来获取。

（3）文本快捷键的应用。【DT】是单行文本的快捷键，通过该指令能够对每行文字实现移位和编排；而【T】则是多行文本的快捷键，应用该指令能够为所输入文本的字高、字形大小等做出修改。

（4）图块的合理运用。图块可以起到加快图形处理速度的作用。常用的图块有三种形式，一种是某个单独的图形，一种是常用的画素，还有一种是绘图时的最后一个元素，可以将其保存到样板图上。采用这样的方法，设计人员可以自行建立一个图块数据库，当绘图时，即可调出应用。而在机械 CAD 绘图领域，往往需要把粗糙度符号、标题栏等绘制出来，然后再将它们定义成图块，之后在进行图纸绘制时，即可进行调整、应用，从而减少了重复性工作，对提升绘图效率有着很大作用。

进行三维或立体绘图时，在各独立部件被编辑完毕后，一旦其设计规格被要求修改，这时就没有办法解体了。但是，也可在绘制部件后、组合部件时，先利用【Bmake】指令组成模块，之后再利用【Move】指令定位或利用实体的编辑指令组合。在以后的尺寸参数想要被更改时，可以找到要求更改的模块进行更改，之后再通过【Move】指令以及并集、差集和交集等指令组合在一起进行。

（二）机械 CAD 软件在 Word 中的应用

1. Hyper Snap6 抓图软件

Hyper Snap6 抓图软件是一个十分出色的应用软件，首先启动程序，然后选择所要用的绘图功能，之后将图转移到 Hyper Snap6 中，再选择复制功能，就能够直接在 Word 中使用复制的图像。先在 Hyper Snap6 抓图软件中进行选择捕捉→捕获设置→拷贝和打印操作，再勾选【制作】一次捕捉到剪贴板，确认后即可在 Word 中直接插入 CAD 绘图，操作将变得比较简单。

2. 巧用截屏功能

在键盘的右上方有个【print screen】键或者是缩写的【PrtSc】按钮，通过点击该按键即可直接把整张画面全部拷贝下来，并借助粘贴功能，就可以直姜把新拷贝的画面全部粘贴到 Word 中。其具体操作为：开启 CAD 软件中所要制作的图形文件，然后点击键盘中的截屏键，再转换到 Word 中，在必要的地方右键粘贴；再对新粘贴出来的图像进行调整，剪去多余的部分。这种操作方式比较简单，但是图像会占据较多空间，因此无法直接对新插入的图像进行调整。

五、机械 CAD 绘图教学方法

学生在掌握了机械绘图知识并熟悉手工绘制知识后，便可以进行一些项目的设计和绘图，以此训练其绘图能力；同时，可以将先进的方法和常规的绘图手段紧密结合在一起，来完成设计。

（一）机械 CAD 绘图教学中的主要方法及应用

1. 立足基础知识

基础知识包括绘图原理等知识，学生应着重掌握。机械 CAD 绘图的重点，是指通过使用计算机操作 CAD 软件的基础绘制任务，包括通过编辑修改仁务完成基本图样的绘制，以及根据专业需要而进行的专业绘制。

2. 确立学习机械 CAD 软件过程中的思路、重点和难点

（1）学习机械 CAD 软件的思路。要熟悉机械 CAD 软件的基本绘制方法，关键是要用好 CAD 软件中丰富的图层，以及能通过灵活运用各种绘制命令和编辑修改指令来丰富绘图手段，以实现绘图手段的多元化、绘图方法的多元化，并能通过多掌握、多学习的方式做到熟能生巧。

（2）掌握图层绘制方法。在介绍图层这一定义时，教师要从图形对象的基本特点出发进一步介绍如何识别图层。例如，学生已经制作了有线对象、圆对象、文字对象、标注对象等，打开这些对象的"特性"对话框后，在【常规】选项中会有【图层】选择项，对象的颜色、线型、线宽等特点是各个对象的基本常规特点。所以，在绘图时，学生在用各种各样的线型和线宽表示零件结构的同时，也要思考这些对象应在哪个图层上，最好把一个个线型或者线宽相同的对象建立在一层上，或者把其他某种特点相同的对象建立在一层上。

（3）重视机械 CAD 软件绘图环境设置。在采用 Windows 操作系统的商业应用中，软件系统能否正常运行取决于软件环境配置，有效地管理软件环境对于应用软件的正常运行和使用至关重要：①合理规划设置图层；②创建标准的文字格式，并标注样式；③CAD 软件中的绘图由通用菜单和绘图模块的设计来生成；④合理设置各种绘图辅助工具，包括正交、对象捕获、对象跟踪等。

（4）机械 CAD 绘图中的比例问题。在机械 CAD 绘图中的比例设定与传统手工绘图中的比例设定的思路是不同的。

第一是"图纸百分比"，即实物和打印出的纸质图纸之间的比值，是绘图标准中的 1∶100、1∶50、1∶25 等，也就是在图纸标题栏的百分比栏中所标注的百分比数值。

第二是"绘制比率"，即实物和在机械 CAD 软件中所绘制的图像之间的比值，一般来说，无论在 CAD 软件的工作空间中绘制了多大体积的图像，其都按 1∶1 的比率来绘制，也就是说，在 CAD 软件中绘制比率总是按 1∶1。

第三是"印刷比率"，即 CAD 软件在模型空间中绘制的图像与打印出的纸质图纸之间的比率，一般视实际情形而定。在所绘制图形图幅与打印的纸质图纸的图幅比例相同时，可设定打印比率为 1∶1。在以非 1∶1 比率打印图样时，在模型空间中有以下两种方法。

第一种方法是压缩图形的方法，当图样按 1∶1 比率绘制后，可以使用【缩放】（【SCALE】）命令把图像缩放到要打印的图幅上，但此时要考虑图像中各对象元素的变化：①尺寸标注形式和测量数值都会发生变化，因此需要调整"标注形式"对话框【主单位】选项组中"测量百分比因子"选定的"比率因子"数值；②直线型对象：不受压缩命令的影响；③文本对象：应该在对图像压缩后再输入文本注释和说明，在定制文本样式时可以直接选择输出时的文字大小，这样可以在对图像压缩后直接按 1∶1 比例嵌入边框和标题栏，在"打印"对话框中直接使用 1∶1 的比率打印并输出。

第二种方法是打印机要按比例输出，也就是在图像都渲染完毕，尺寸、文本都标注完后，如果再进行非 1∶1 比例打印的话，这时除了尺寸的测量数值，其他数据不会发生变化，而材质对象、线型（填充）对象，甚至文本数据则要按一定比例进行改变才能打印。在布局空间内也要考虑图纸中各对象的变化与调整：①尺寸对象的大小：当布局按需要输出图幅布置后，在"修改标注样式"对话框【调整】选项卡【标注特征比例】选项中选中"按布局（图纸空间）的缩放标注"进行设置，此时可以按布局空间来标注图样，采用的标注形式的数字高、箭头直径等几何要素都可变化为更符合实际的数据，而由于尺寸数据本身就是模型空间的实际尺度，也可采用提高文字高度的标注性比例的方式来设定；②线型对象：选中"格式"或"线型"后打开"线型管理器"，单击"显示细节"按钮，在"全局比例因子"编辑框和"当前对象缩放比例"文本框中保持默认设置，再选择"缩放时使用图像的空间单位"复选框；③文本数据内容：按打印机输出高度输入文本数据。

3. 总结整理，以提升绘图质量为重点

学生在学会了各类选项工具栏指令后，也要了解那些常见的快捷指令，同时利用好各类资源，灵活使用快捷菜单功能，同时整理并累积运算技巧，以提高绘图质量。

（1）合理运用快捷键和快捷菜单。CAD 软件中的一些快捷键，如【Ctrl+1】组合键能够开启"特性"面板、【Ctrl+2】组合键能够开启【设计中心】等，学生需要时间去掌握并运用它们。另外，学生要利用好快捷菜单功能，在程序中的任意地方单击鼠标右键都有不同的快捷菜单弹出，要注意识别并正确运用。

（2）理解、记忆各种命令。CAD 软件具有命令行的使用提示，初学者在进行各项基本操作后，根据命令行提示就可以自行掌握各项指令，最好能多记住几个指令，然后再逐渐地熟练掌握。学生在绘图过程中也应尽可能采用合理的指令使用方式，以实现提升绘图效果的目的。

（3）养成良好的绘图习惯。①绘图分析的基本方法与思路：确定对象类型及方法—创建若干图层—确定对象样式—开始绘图；②根据绘图环境设计不同的图层，在不同的图层上进行绘图设计，图层的使用对于后期的绘图快速编辑将发挥重要的作用；③对模型空间进行造型设计、渲染，并进行布局空间的图纸打印设计。

（4）结合实际，注重实践和应用。机械 CAD 教学是一项理论性和实践性都很强的教学工作，在讲解了基本的知识后，教师应多结合学生在绘图实践中的绘制技能和绘图方法，并结合实际向学生讲解，使学生多了解一些快速绘图的方法。课后，学生应带着任务进行练习，这样才能够多掌握绘图技能。

（二）经验总结及建议

1. 培养学生的创新思维和创造能力

机械 CAD 教学不拘泥于一定的教学模式，因此，教师要引导学生在学习过程中发挥自身的创造性思维和才能，同时与实践紧密结合，切实做到学以致用。

2. 加强学生自学能力的培养

学生对知识的掌握不要拘泥于课堂，还应广泛利用各种资源，针对自身的实际状况，对熟悉的知识进一步掌握，对不了解的知识点进一步学习，从而扩大知识面。

3. 完善评价体系，提升专业能力

在机械 CAD 课堂教学中，教师必须根据学生的实际状况，强调实际应用，重视理论运用，通过采用灵活多样的教学方法，培养学生的学习主动性，培养其创造力、动手能力，以提升其设计能力，提高其设计质量，同时还能让学生运用现代化方法和先进技术手段进行设计，为其今后开展创造性工作，打下必要的理论基础。

六、机械 CAD 绘图技巧

机械 CAD 软件是一种被广泛应用于机械绘图领域的绘图软件，在实现工业绘

图信息化的基础上为机械图的绘制与设计工作提供了很大的方便。机械 CAD 软件在实际教学中仍存在一定问题，部分学生虽然掌握了一些专业技能，但其绘制效率却很难提高。笔者整理了部分绘制方法与常见问题供大家进行讨论。

（一）机械 CAD 绘图技巧

1. 巧设绘图环境

机械 CAD 软件中自带的样板环境和现实绘制中所要求的环境有一定差距，而且还会在一定程度上影响绘图速度。在授课过程中，教师可根据绘图要求和学生的绘图习惯自主完成绘图环境的设定。

（1）修改系统配置。在命令行输入【OP】，或者使用系统菜单栏中的"工具"→"选项"，或者打开系统的组态对话框进行设定。第一，单击【显示】选项卡，调整显示精度至 2000（系统默认显示精度为 1000，最高显示精度为 20000，数值越大，圆和弧的平滑度越高，计算机运算速度越慢）。第二，单击【选择】选项卡，将拾取框尺寸调节至中偏左位置，这样能使学生在绘图时更方便地拾取对象。

（2）设置状态栏选项。关闭状态栏"捕捉"中的栅格按钮后，右击"对象捕获"按钮，在"极轴跟踪"标签页中，选择"启用极轴跟踪"，即可把增量角度设定为 30 度，并选择"为所有的极轴点设定跟踪"，以确保在绘图过程中面向的所有目标均可发现跟踪线。在"对象捕获"标签页中，可按照绘图要求选择端点、中点、圆心、交点、切点等常见的对象捕获点，如需使用特殊捕获点时，可通过"对象捕获工具栏"中的临时特殊捕获点实现捕捉。

（3）创建图层。重设图层管理器，新增中心点、轮廓线、虚网、剖面曲线、尺寸标准和技术要求等图层，这样可以使图像的所有信息更加清晰、有序，易于查阅，同时也会为图像的编辑、修饰和输出提供很多便利。注意，为避免在绘图过程中虚线、中心线等表现为实线，需要把线体全局比例因子往小了来设定，一般推荐设定为 0.3（线体比率 0.3 适合于 1∶1 比例表示，使用计算机按 1∶1 比例打印出图，若图像太大或太小，填满画面后，运用点画线、虚线表示比例要依据实际来调节）。

（4）文字样式。为使图案上的文字更合乎绘图规范，汉字字体通常选用长的仿宋字形（Gbcbig. shx），图形文字选用 Gbenor. shx（相对于国标直体图形、文字形式而言）。

（5）根据绘图需求新建标注样式。

（6）打开绘图快捷工具栏中的标注工具栏、标准工具栏、绘图工具栏、绘图次序工具栏、特性工具栏、图层工具栏、编辑工具栏、格式工具栏，同时关闭其他不能使用的工具栏。

（7）保存。把设定好的绘图环境保存为模板文件（. Dwt），后续绘图时可随时调出，这样大大提高了绘制效率。

2. 标注表面结构图形符号的技巧

表面结构图形符号标注系统是由字符和数值构成的。表面结构的绘制也有很规范的绘图尺寸参数，因为在一般的机械 CAD 软件中缺少可使用的素材，所以表面结构绘图也可以用直线指令来完成，画的时候可以将极轴设成 60 度，将图在对象的捕捉中打开，能实现表面结构中各种图形的绘制。

但是，如果学生在标注表面结构参数时要标注相同的符号，或者只是标注这些符号在图形中的不同部位和不同的角度，那么最简单的绘制方式便是把要重复标注的符号预先建为图块，之后再以插入图块的方法完成绘图，这种方法可以最大程度地提高学生的绘制效率。同时，学生也可以运用这种方法建立符合自身情况的专门图块库，如螺旋钉、螺栓、轴承图块等。学生在以后的绘图中如有特殊要求，就能够直接插入应用这些基准件，十分方便。不过在巧用图块指令完成绘图的过程中，学生还必须注意几个要点。第一是必须在零图层上完成图块的建立，同时必须把图块的色彩、线长和线型等设定成 ByLayer（随层）。第二是在嵌入图块前根据综合现实绘图要求完成对图块的设定，并且定义嵌入图块前所必须调整的参数等可变量。图块的具体做法为：先绘制所要绘制的图块的基本形状，之后点击绘制菜单下的块命令，选择【设定属性】选项，这样，学生便可以按照绘图要求设定属性参数；接着再点击绘制菜单下的块命令，选择"建立块文件"，在之后产生的设定框中就会有这样一些文件：模块名称（Block name）、块插入基点（Base Point）、选定块中的实体（Select Objects），而学生所要做的便是根据具体要求对这些文件进行设定，在操作完毕后即可制作出下一图块。在应用图块的同时只需要通过插入【Insert】指令完成对图块的使用即可，这样就能够明显提高运行效率。

3. 巧用文字注释命令标注极限偏差值

教师在运用机械 CAD 软件进行绘图教学时，往往要求学生进行极限偏差值的标注。在授课过程中教师教给学生的通用标注方法是，首先在标注样式中，完成对标注样式的设定；再通过设定好的标注样式完成标记，并设置好相应的数值。在"数据的设定"这一步骤中还需要通过【对象特性】命令来调整上下偏移数值。这样的极限偏移标注方式比较烦琐，在实际应用时的工作效率也不高。教师在教学过程中还可以教给学生以下标注方法：首先在标注极限偏移数值的区域上点击【线性标注】命令，标注出公称尺寸，然后按下回车键开始【文字标注】命令，点击选定相应的尺寸和堆叠符号"^"，输入极限偏移值的信息，如"65m6+0. 020^-0. 006"；然后选择极限偏移值"+0. 020^-0. 006"，之后按下 a/b 键、回车键，即实现了对极限偏移的标注。还有一种标注办法，便是使用【对象特性】命令来标记，具体的操作方法是：单击已标记好的对象公称尺寸，打开特性窗口；下拉停留到【公差】选项中，从【显示公差】的下拉选项中选择【极限偏差】，分别选择上下误差值，并设定好精度；然后使用格式刷调整另外几个相同位置的标准尺寸，这样就可以实现对所有公差位置的正确标注。

4. 打印出图

在机械 CAD 软件中，出图样是比较简单的，如果使用机械 CAD 软件系统自带的功能进行打印，学生便能得到规范图样，在某些情形下，如果图样较大，而学生只想要其中一部分或者在计算机没连接打印机的情况下，可以选用【文件】下拉菜单选项下的【打印机】，具体操作过程为：加入打印机对话框→打印机范围→窗口→在绘图区拉出对应的矩形窗口→自定义打印机比例→选定图样尺寸→选定打印机样式→打印机。如果不能满足上述条件，此时还可应用【Ctrl+C】快捷键复制所要打印的图像，用【Ctrl+V】快捷键粘贴到 Word、绘图软件或其他软件中，然后再进行相关图像的打印。

（二）机械 CAD 软件在绘图过程中存在的问题

学生在掌握和运用机械 CAD 软件进行绘图时往往会遇到各种各样的技术问题，使得绘图任务无法顺利完成，因此笔者总结出几个问题和对策，仅供参考。

问题 1：学生在通过机械 CAD 软件进行绘图的过程中，往往会出现线段过长或过短的情况，特别是在绘制中心线时，这就要求学生对线段长度做出修改。

在应用过程中，利用拉伸（【Lengthen】）指令，在指令中输入【DY】（动态拉伸）之后点击回车键，即可对拉长曲线的端点加以选取，以便随时实现对线段长度的伸缩。而除了这一方法，学生也可以在实际使用过程中合理运用夹点函数对线段长度进行快速调整。

问题 2：当使用了镜像命令后，图像和文字同时出现镜像。

绘图中，学生可在镜像操作过程中直接使用【Mirrtext】命令，同时把默认值从 1 变成 0，这样可以有效克服这一困难。

问题 3：在绘图过程中需要修改时，一般是先选定修剪的边界，按回车键后再选定修改的线段。

在实践过程中，学生可在选定修剪命令对象后再点击回车键，点击回车键后便能够随意选取不需要的对象，并将其加以删除。

问题 4：当使用【文字】命令时，并没有对文字的方位做出设定，但所表现出的字体均垂直于 X 轴线上。

关于这一问题，学生在实际操作过程中应注意【文字样式】命令中所指定的中文字体名称上不要出现"@"符号。

问题 5：在操作过程中，【填充图形】这一命令无效。

出现这种情况的原因，一种原因是【填充图形】调度命令的比例太大，所以在实际操作过程中要把比例减小；还有一种可能的原因是填充区域内没有闭合图像，在操作过程中必须先对窗口内的图画进行检测，关闭不封闭区域。另外，还可以在选项里进行检测：【OP】→【显示】→【应用实体填充】（打上钩）。

综上所述，机械 CAD 软件是一种十分重要的应用软件，因此，教师在授课过程中必须不断做好对技术问题的总结，以便对学生进行有效指导，从而帮助他们更好地学习。

第三节　运用图块技术 提高绘图效率

一、实物模块拼装、零件图块拼装和机械 CAD 软件在机械结构装配图绘制过程中的有机融合

机械结构装配图是表示设备或元件的工作原理、操作方法、零部件之间的联系，以及安装方法的图案，主要包含用于指示设备或元件安装、保养、调整等所需要的工艺信息。在技术革新、工程研发领域以及产品市场上，可广泛运用机械结构装配图来表达产品设计理念、传递工艺信息、传播生产技术信息。对于机械专业的学生来说，准确识读并绘制机械结构装配图是至关重要的专业技能。然而，教师在使用常规的、以"教师读，学生看"为基础的教学方法讲解机械结构装配图的知识点时，教学效果往往不够理想，以致出现了"学生畏难、教师为难"的情形。为改变这一现状，进一步提高学生对机械结构装配图的学习效果，增强其对机械结构装配图的熟练掌握能力，笔者在课堂教学上做了进一步探讨，将实物模块拼装、零件图块拼装、机械 CAD 软件有机融合，极大地提高了学生的学习积极性，提升了教学效果。

（一）学情分析

在机械 CAD 绘图教学过程中，特别是在组装图的学习上，学生需要具备丰富的空间想象力。根据学生的认知特点，教师应在学习机械结构装配图的课堂上花点心思增加教学辅助工具、导入实物模型，这是非常有必要的。当导入了实物模型之后，学生在复杂枯燥的图表中认识机械结构装配图就会比较轻松，也能够极大地激发学生的想象力，从而提升教学效果。

在机械结构装配图的教学中，一般采用以下四种装配图描绘方式。

（1）使用机械 CAD 软件，逐个绘制出所有的零件图后再分别保存，当绘制机械结构装配图时再把所有零件图置入装配图软件中。

（2）使用机械 CAD 软件，绘制出所有的零件图并制出图件，然后再根据实际安装需要对各零件图进行定位并安装。

（3）直接绘制装配图。

（4）使用绘图软件将三维零部件建模并完成装配，然后将三维装配图转化为二维装配图。

（二）课前准备

1. 三维模型创建与处理

（1）三维模型创建。使用机械 CAD 软件制作升降结构零件的三维模型。为了较直接地考察零部件之间的组装关系，首先必须对底座、挡圈、节套的三维模型进行剖切。

（2）3D 实物准备。借助 3D 打印技术可以把实体模型直接打印出来，并可对其进行剖面处理，不同的剖切线代表着不同的截面。当然，必须注意的是，各种形体之间的剖切线也应各不相同。

2. 机械 CAD 零件图的图块处理

（1）设置绘图环境。①创建图层；②创建文字形式；③创建尺寸标注形式；④绘制绘图框与标题栏；⑤存储为样板文件。

（2）绘制零件图。打开机械 CAD 模板文件，一一绘制里面的零件图。

（3）在制作图块时，学生要先把绘制好的零件图制作为单独的块，并按照结构装配图的方位关系设定好插入基点，以便于后期在拼装装配图时能更准确地定位它。

3. 教学的开展

（1）分析升降结构工作原理。在这一过程中，教师应引导学生对升降结构进行拆装并指导他们了解整个升降结构的运行机理及其组装过程。升降机主要由底座、挡圈、灌浆料、轴承等零件构成，利用扳手夹紧轴承的运动输入侧，转动时，利用轴承和基座间的螺纹关系，使轴承向前或往下运动。

（2）固定移动结构装配图的可视化表达方法。第一，选用主视野。装配图主视野的选用必须符合以下几个条件：一是能体现组织及元件之间的装配关系和工作原理；二是能最大限度地表现组织中主要零部件的构造特征。在这种升降机构中，可以选取水平方向投影视图为主视野，并对其做剖切。经剖切后的主视图，能够清晰地表现出升降机构中主要零部件的结构形态、各零部件之间的相互装配关系及其工作机理。第二，可以选择其他视图。确定主视图后，学生还应选择并提供反映其他安装关系的外部结构的视图。这样，升降结构的装配图就需要用俯视图来表示基座的转轴与输入动力端的形状。

（3）注意实物拼装装配图的步骤。学生可根据升降结构的装配流程将 3D 实物模型进行拼装，同时，可以从 CAD 软件中调出样板文件，并按照流程将相同的零件图块进行拼装。学生拼装完毕后，要注意修改在相关零件图块中已被遮挡住的图线。

（4）注意事项。要想在完成装配图块后能够顺利地进行安装，学生必须注意以下几点：①在绘制零部件图的图块时，必须先将零部件图的不同视图分别建立图块；②在绘制图块时，必须根据装配关系和具体零部件的特性，设定好图块的插入基础。

实现实物模块拼装、零件图块拼装和机械 CAD 软件在机械结构装配图绘制过程中的有机组合，可以使学生高效地掌握装配图块和各零件图块之间的关系，从而解决学生在绘制机械结构装配图时出现的问题，提升绘制机械结构装配图的质量，最大限度地提高教学效果。

二、图块在绘制液压系统原理图中的使用

在绘制液压系统原理图的过程中，最常规的绘图方式是逐个绘制出具有液压单元功能的结构图及系统图。在绘制液压系统原理图的过程中，若采用具有液压单元功能的各种图形库，则仅需采用插入块的方式就可以迅速地对其进行绘制。

绘图时，将水力部件按照形状规定为块，然后将其存储到硬盘上，就形成了水力部件的图形库。当绘制液压系统原理图时，可以在图形库中选取画面，然后将其置于所要求的位置，这就减少了大批重复性工作，大大提高了绘图效率。

（一）液压单元图形库的建立

在绘制液压单元图形的过程中，先运用国家相关标准要求的基本图形符号绘制有关液压单元的各类图形，接着采用创建模块的方式创建液压单元图形库，具体方法包括以下几个方面。

1. 绘制液压单元图形

打开机械 CAD 软件后，进入绘图界面，在绘图区内运用国家相关标准要求的基本图形符号绘制机械液压单元图形。

2. 创建模块

绘出液压模块的基本形状后，点击"绘图菜单"→"块"→"创建"菜单，然后在弹出的"块设置"对话框中，确定其名称，并点击"确定"按钮。

3. 创建液压单元图形库

将块定义完后，在指令行输入【Wblock】指令后按下回车键，会弹出"写块"对话框，在对话框中，选定单向变量泵，保存路径为"D：\\液压元件符号库\\动力元件符号库\\"，然后点击"确定"按钮。通过上述操作步骤，可将常见的各类液压元件聚集起来构建液压单元图形库。

（二）绘制液压系统图

运用国家相关标准要求的基本图形符号描绘液压元件的各种形状，再经过图块定义、写块步骤就构成了液压单元图形库。目前，在描绘液压系统原理图时，不需要再反复描绘液压单元的各种形状，只需要按照液压系统原理图中所要求的液压元素，采用插入块的方式插在所要求的部位，再用线将其连接起来，并对其进行相应改变即可。

第四节　机械 CAD 综合绘图实训任务设计

机械 CAD 绘图能力的提升不能仅停留在单一技能的训练阶段，而是需要通过系统的项目实训来实现知识的融合、技能的整合与应用意识的强化。以项目为导向的实训任务设计，能引导学生完成从零件到产品的绘图，增强其协同绘图意识和工程表达能力，为实际岗位需求做好过渡准备。

一、零部件二维图绘制综合训练

（一）核心能力要求

（1）形体构思能力：根据三视图判断零件的三维形态。

（2）表达规范意识：掌握常用剖视图、局部视图等的规范用法。

（3）标注策略能力：根据零件功能选择合理的尺寸基准和标注路径。

（4）技术说明编写能力：能正确添加粗糙度、热处理、表面处理等工艺性说明。

（二）训练类型

在机械 CAD 绘图和三维建模学习中，不同类型的零件具有各自典型的设计特点和绘图技术要求。其具体类型及示例内容和应掌握的技能目标有如下几个方面。

（1）典型轴类零件，如多级阶梯轴和键槽轴，绘图时应重点掌握剖视图的配合表达以及对称尺寸的标注，以清晰体现轴的结构特征和装配关系。

（2）孔系板件类零件，如法兰盘和端盖，绘图时须熟练进行孔阵列尺寸标注和公差设置，以确保零件的装配精度符合功能要求。

（3）对称复杂件，如支座和机架，绘图时应重点掌握局部剖视图的绘制以及对称视图的表达方法，以展现复杂结构的内部细节和对称关系。

（4）空心结构件，包括管类支架和连接件，绘图时须掌握隐线的正确处理方法和壁厚尺寸的准确表达方法，以反映零件的空心特征及强度要求。

（三）常见错误

（1）尺寸重复或缺失。

（2）剖视方向错误。

（3）公差不匹配加工精度。

（4）技术要求脱离材料属性。

二、装配图与爆炸图的绘制

（一）装配结构表达深化

（1）主剖视图与局部剖视图相结合：主剖视图可提供整体配合，局部剖视图可明晰内部连接。

（2）装配基准清晰：轴孔对正，定位销结构必须有明确的定位关系。

（3）连接件表示规范：如螺栓连接、键连接等，应按相关标准画法进行绘图并标注。

（二）爆炸图实训扩展点

（1）动态爆炸路径设置：沿 Z 轴展开零件，利用多媒体动画进行模拟。

（2）序号自动生成技术：在 SolidWorks 中通过 "Balloon Layout" 可实现序号的快速布局。

（3）分层爆炸图绘制：可分为总成、次总成两级爆炸图，这有助于复杂结构的表达。

（三）装配图和爆炸图联动任务建议

1. 任务描述

完成手动升降机构的装配图与爆炸图设计，其中包含六种零件：底座、升降杆、螺旋杆、套筒、手柄、定位销。

2. 评分建议

（1）爆炸图清晰程度（30%）。

（2）零件序号与明细栏对应性（30%）。

（3）表达规范性（20%）。

（4）美观性与布局（20%）。

三、典型机械产品绘图项目案例

（一）项目绘图的难度分级

在机械设计与装配领域，可按照复杂程度将项目分为不同等级，其具体特征及代表项目有如下内容。

（1）初级项目：这类项目通常包含的部件数量较少，配合关系简单，适合基础练习。其代表项目包括工艺夹具和平口钳等简单机械装置。

（2）中级项目：这类项目包含一定的传动机构和定位结构，复杂度有所提升。其代表项目有减速器和往复机构，需要考虑运动传递和精确定位。

（3）高级项目：这类项目涉及多层装配结构和复杂的运动，装配关系复杂且功能丰富。其代表项目有液压小车和电机驱动组件，对设计和装配技术要求较高。

（二）项目阶段化训练路径

1. 项目调研与结构分析

（1）阅读产品说明书，拆解产品结构。

（2）建立物料清单（BOM），划分零件建模任务。

2. 三维建模与零件图绘制

（1）各组成员按分工进行建模。

（2）统一输出格式（注意图幅、比例、注释等格式的统一）。

3. 装配建模与爆炸图的绘制

（1）进行装配关系验证。

（2）进行爆炸图动画演示以及结构演示文件的编写。

4. 项目图纸包生成与交付

（1）整理零件图、装配图、物料清单（BOM）。

（2）输出 DWG、PDF、STEP 格式文件。

第五节　三维建模技能的初步训练

在机械绘图教学逐步迈向数字化建模与智能制造的背景下，三维建模技能训练已成为机械 CAD 绘图技能训练的重要组成部分。我们从二维图形的转化思维出发，系统梳理建模操作流程与表达手段，并为使用更高级建模工具，如 SolidWorks、Inventor等打下坚实基础。

一、从二维图形到三维视图的思路转换

（一）三维建模认知

传统的机械 CAD 绘图教学以"正投影三视图"表达形体，学生思考时多从平面图形展开，因而其往往难以形成立体概念。因此，三维建模训练的第一步是"视角转变"，即从"线"到"面"，将轮廓线理解为剖切边界；从"面"到"体"，建立可拉伸、旋转、放样的体块观。

（二）转换流程图

（1）分析二维图形中的封闭轮廓。

（2）判断拉伸方向、旋转轴线或放样路径。

（3）应用相应建模命令生成三维实体。

（4）进行布尔运算，优化结构。

二、CAD 中的三维建模基础命令

CAD 软件的三维建模基础命令足以支持基础机械体块构造与表达，尤其适用于二维图转三维图的训练。

（一）常用建模命令

在三维建模软件中，各类命令具备不同的功能，可被用于生成或编辑模型实体，其常见命令及其功能说明和用途如下。

EXTRUDE（拉伸）命令可将一个封闭的二维图形沿垂直于图形平面的方向进行拉伸，生成三维实体。其常被用于绘制拉伸机架、法兰片等基本零件轮廓。

REVOLVE（旋转）命令能围绕指定的轴线，将封闭的二维图形旋转一周形成实体。其常被用于绘制车削零件，如轴、轮盘等回转体。

UNION（合并）命令可被用于将两个或多个独立的实体合并成一个整体，方便进行模型组合或装配关系验证。

SUBTRACT（减去）命令则是从一个实体到另一个实体中进行切割，常被用于

绘制开孔、削边等加工操作。

INTERSECT（求交）命令保留了两个实体的交集部分，常被用于生成两个模型重叠区域的共同体。

SLICE（剖切）命令可沿指定平面将实体剖切，生成剖切视图或将实体分割成多个部分，以便绘制动态剖面图或进行拆解演示。

SECTIONPLANE（剖面平面）命令可创建动态的剖面视图，方便设计人员在出图前对内部结构进行审查和确认。

（二）建模流程范例：螺栓

（1）绘制横截面轮廓。
（2）使用【REVOLVE】命令绕中心轴旋转成型。
（3）用【SLICE】命令生成剖视图并进行检查。

（三）图层与视图设置建议

（1）使用【VISUALSTYLES】切换"Conceptual/Realistic"风格，以便于审图。
（2）命名图层时要注意区分草图、实体、剖切面等内容，以利于管控。

三、模型视图、剖切视图与爆炸图表达

三维建模不仅是"画出一个立体"，更重要的是正确表达结构信息。机械 CAD 软件可提供多种视图与剖切工具，以满足其绘图需求。

（一）视图类型

模型视图（Model View）：直接展示三维对象，支持旋转与缩放。
剖切视图（Section View）：可沿剖切面呈现内部结构。
爆炸图（Exploded View）：能将装配件按连接关系展开，展示组装方式。

（二）表达流程

（1）使用【SECTIONPLANE】命令创建剖切面并导出剖视图。
（2）利用【SLICE】命令生成拆分零件，并将其用于爆炸图。

（3）在布局空间布置多视图，标注其尺寸与材料信息。

（4）输出 PDF 或工程图，并将其用于教学评审。

第六节　机械零部件绘图实训与标准规范应用

机械绘图是机械设计制造过程中的基础环节，是传递设计意图、指导加工装配的重要技术手段。教师可围绕机械零部件二维图纸的绘图实训，结合国家相关标准和图纸表达规范，以及零件尺寸标注与形位公差的综合训练，引入结合实际工艺要求的加工图设计，帮助学生掌握机械绘图的规范流程与实用技巧。

一、简单机械零件二维图纸绘图实训

（一）绘图工具与软件环境介绍

教师应向学生介绍常用的二维绘图软件（如 CAD、SolidWorks 二维模块等），以及传统手工绘图的基本工具，并讲解软件界面、基本绘图命令和操作流程。

（二）机械零件的基本几何形状识别

教师应通过典型零件，如轴、销、齿轮等，分析其基本形状特征，使学生理解如何将实物或三维模型转换为二维视图。

（三）绘制零件的三视图

学生应掌握并运用正投影法的基本原理，学会绘制三视图，确保图形的完整性和准确性。

（四）实训案例演示

教师应选取简单零件，如圆柱销、法兰盘等，指导学生完成二维图纸的绘制，即从草图到正式图的绘制过程。

二、结合工艺要求设计加工图

(一) 工艺要求在图纸中的体现

(1) 注意加工余量标注。

(2) 注意热处理和表面处理要求。

(3) 注意关键尺寸与检验尺寸的区分。

(二) 设计加工图

教师应根据工艺流程合理安排绘图顺序,让学生选择合适的标注和符号。

(三) 典型加工图绘制实例

教师应选取典型零件,结合实际加工工艺(如车削、铣削、磨削)绘制加工图,标注关键尺寸、夹具定位基准及公差要求。

第七节　机械装配图设计与分解图绘制

装配图是表达多个零件装配关系、结构功能和工作原理的重要工程图纸,是产品设计、制造与维修过程中的核心技术图纸。它不仅承载了各部件间的几何配合关系和连接方式,还在一定程度上体现了设计者对结构合理性、装配顺序、检修便捷性等方面的考量。

一、装配图的识读与绘图流程

(一) 装配图的作用与特点

装配图是由多个零件组成的产品整体图,它的主要目的是表达各零件之间的相对位置和装配关系；展示连接方式（螺纹连接、过渡配合、干涉配合等）；指导装配流程和检修操作；为制定工艺规程提供结构依据。

与零件图不同，装配图更注重组合效能，强调零件在装配状态下的工作配合，而非单个零件的特性。例如，一个减速器装配图须显示齿轮之间的啮合关系、轴与轴承的安装方式，以及箱体与盖板的固定方式。

（二）装配图的组成

一个完整的装配图通常包含以下要素。

（1）零件轮廓线：能清晰表达每个零件的基本形状。

（2）配合与连接关系：如键连接、螺栓连接、过渡配合等，须标明尺寸和技术要求。

（3）装配关系说明：能通过剖视图、剖面线等方式表达装配顺序与相对位置。

（4）定位基准：能指明装配基准面或基准孔，确保装配的一致性。

（5）序号与明细栏：能通过编号和列表将装配图与零件信息进行关联。

（6）尺寸标注和技术要求：能对关键配合部位、装配间隙等进行标注。

（7）常见的剖视方法：局部剖视、旋转剖视、阶梯剖视和组合剖视，可按需揭示关键内部结构。

（三）装配图的绘图流程

绘制装配图通常需遵循以下步骤。

（1）分析结构和主视方向：选定能反映主要装配关系的投影方向。

（2）绘制或插入标准件和自定义零件图形：可手工绘图或从图块库中调用。

（3）装配约束设置（3D 建模环境）：用【配合】【对齐】【同心】等约束命令定位零件。

（4）补充尺寸标注与符号：如关键配合尺寸、间隙标注、技术要求等。

（5）填写明细栏并编号：为对应的每个零件绘制引出序号，明细栏中应注明名称、材料、数量等。

（四）实训案例：带盖轴承座装配图

1. 设计对象

带盖轴承座，主要包含座体、端盖、深沟球轴承、螺栓等。

2. 装配关系要点

（1）轴承压入座体。

（2）端盖覆盖轴承外圈。

（3）螺栓连接固定。

（4）端盖与轴承之间留有必要的间隙。

3. 绘图流程

（1）绘制座体外形，剖视展示轴承安装。

（2）插入轴承及端盖图形，设置同心与接触配合。

（3）加注尺寸与技术要求。

（4）添加编号（如 1-座体、2-轴承、3-端盖、4-螺栓）。

（5）完成明细栏的填写。

二、爆炸图与序号标注技巧

（一）爆炸图的定义与用途

爆炸图是装配图的一种补充形式，能够将零部件从装配位置分解展开，按装配方向进行有序排列，使装配图的结构层次能够清晰展示。其作用主要包括以下几方面内容。

（1）展示装配顺序。

（2）指导装配与拆解操作。

（3）辅助生产、检修、售后服务。

（二）爆炸图的绘图原则

（1）位置合理：零件应沿实际装配方向展开，避免误导的情况出现。

（2）分解方向明确：一般选择主装配方向为爆炸方向。

（3）间距适中：保持结构清晰，不能出现重叠与错乱。

（4）对称性处理：保持左右对称零件的对应关系。

（5）编号规则：保持编号的逻辑性，从主件开始依次进行排列。

（三）序号标注技巧

（1）使用引出线连接零件的中心或轮廓外侧。

（2）采用阿拉伯数字编号，并一一对应明细栏。

（3）序号要与装配流程相一致，这样有助于组装。

（4）不能使线条交叉和编号重叠。

（四）实训图例：小型卧式减速器爆炸图

以小型卧式减速器为例，其爆炸图应注意以下几方面内容。

（1）外壳、端盖、齿轮、轴、轴承等零件应由内向外排列。

（2）每个零件应被标上编号，引出线应规整，主视图应为前视剖视图。

（3）明细栏应清晰地列出各部件的材料、数量与图号。

三、零件图与装配图的关联设计方法

（一）零件图与装配图的协同作用

（1）零件图可被用于表达单个零件的结构与加工要求。

（2）装配图要能体现多个零件的装配关系和工作协同。

（3）二者必须协调一致，否则容易造成设计错误、加工冲突或装配失败。

（二）视图引用与参数联动

机械 CAD 软件支持零件图与装配图之间的联动更新，如修改零件厚度，在装配图中自动更新对应配合关系；装配图中应标注尺寸，关联回零件图尺寸参数；物料清单（BOM）自动与明细栏同步更新。

四、利用图层与图块提高装配图绘制效率

（一）图层管理技巧

在机械 CAD 绘图中，为提高图纸的可读性与规范性，可将不同类型的图形元素分配到不同的图层。各图层的用途、推荐颜色与线型说明如下。

OUTLINE 图层可被用于表示零件的轮廓线，是图纸中最基本和最主要的部分。该图层建议使用黑色或白色，线型为实线，以确保清晰呈现外形轮廓。

CENTER 图层可被用于绘制中心线，如孔的中心或对称轴线。该图层建议使用绿色，线型为中心线型（点划线），以区别于其他图层。

DIM 图层可被用于尺寸标注，以便统一管理所有标注内容。该图层建议使用红色，线型为实线，醒目但不干扰主体结构。

TEXT 图层可被用于添加文字注释和说明。该图层建议使用黄色，线型为实线，以便在深色背景中显示得更清晰。

HATCH 图层可被用于绘制剖面图中的填充线（剖面线），以表达剖切区域的材质和结构。该图层建议使用灰色，线型为填充图案或细实线，不能干扰主体结构。

（二）图块（Block）的建立与复用

图块具有以下几方面优势。

（1）减少重复绘图工作。

（2）支持动态属性输入（如螺栓直径、长度）。

（3）既方便统一管理，也方便审查与协同工作。

（4）可建立标准件图块库，提高标准化程度。

（三）图层与图块相结合的装配图绘图流程

（1）创建各类图层并进行命名管理。

（2）调用或设计图块，并将其放置于合适图层。

（3）绘图过程中应按零件归类使用图层与图块。

（4）出图时应按照需要控制图层显示状态。

（四）效率分析

（1）图块重复调用可节省 50% 以上绘图时间。

（2）图层分组便于团队协作和设计版本管理。

（3）复杂的装配图可按图层拆分进行分阶段审核与出图。

结　语

　　在实际应用过程中，学生其实在机械 CAD 绘图方面的技术水平并不低，但是缺乏理论基础，这就会使其绘制的图像出现差错及疏漏。从目前的教学实际情况来看，在教学过程中，将机械绘图和 CAD 绘图课程加以融合，建立相辅相成的课程体系，十分有必要。

　　学生在了解机械绘图的初始阶段，在识图和绘图方面都存在不少疑问。在这种情况下，教师可以利用 CAD 软件来培养学生的学习能力，从而培养其良好的绘图习惯和绘图思路。另外，机械绘图和 CAD 绘图课程的相互融合也能使学生在具备绘图能力的同时，进一步了解相关行业标准和各国在此领域的准则、标准，这将极大地提高学生的绘图能力。

　　在教学过程中，由于机械绘图教学与 CAD 绘图教学的分离，使二者的关联性不大，二者的交叉渗透能力也比较弱。由于机械绘图教学过于侧重理论教学，这导致机械绘图的教学存在相应的缺陷，无法提升学生的创新能力，无法充分调动学生的学习兴趣。而在 CAD 绘图的教学过程中，由于其学习内容中有更多的实际操作内容，对学生来说也就更具有挑战性。在实践过程中，学生虽然对构图与绘图有较大的学习兴趣，但其所学内容缺乏理论知识的指导，也会产生不少问题。所以，学生在学习过程中要采用理论结合实践的学习方法，这样才能提高其解决实际问题的能力。

　　随着我国社会主义市场经济的蓬勃发展以及国内外工业品种的丰富，我国工业发展的目光将会进一步锁定在提升加工能力和制造的技术水平上。学生是就业的主力军和社会未来发展的重要力量，这就要求学校要对现今的课程体系进行改革，将机械绘图与 CAD 绘图课程紧密结合，这样才能使学生在掌握基础知识的同时培养其实践能力，从而提高学生的创新能力。

参考文献

［1］ 卓丽云. 基于 OBE 理念的 "CAD 绘图" 课程教学研究［J］. 机电技术，2022
（5）：101-104.

［2］ 卫海. 机械绘图与 CAD 课程理实一体化教学改革与探索——以西安铁路职业技
术学院铁道车辆专业群为例［J］. 造纸装备及材料，2022，51（8）：228-230.

［3］ 朱斌，吴亚东，靳淇超. 机械 CAD/CAM 课程基础理论虚拟仿真实验教学系统
［J］. 实验室研究与探索，2022，41（6）：224-228.

［4］ 陈寿霞，陆德光，邓海峰. 基于工作过程的 CAD/CAM 课程理实一体化教学的
探索与实践［J］. 中国现代教育装备，2022（11）：165-167.

［5］ 郭青苗. 零部件测绘与 CAD 成图技术在中职机电教学中的应用［J］. 科技风，
2022（14）：94-96.